河海文库
007

中国近代水利工程影像集

——雪浪银涛说浙江

胡步川 著

河海大学出版社
·南京·

雪浪银涛说浙江

雪浪銀濤說浙江

谭徐明：

西江闸、新金清闸的兴建，开启了中国水利工程师设计、建设大型水利工程的历史。

摘自《胡步川先生日记·记事珠》序文

《穿越江河的追寻》

图书在版编目(CIP)数据

中国近代水利工程影像集：雪浪银涛说浙江 / 胡步川著 . -- 南京：河海大学出版社，2025.4. -- ISBN 978-7-5630-9659-6

I. TV-64

中国国家版本馆 CIP 数据核字第 2025R8L170 号

书　　名　中国近代水利工程影像集——雪浪银涛说浙江
ZHONGGUO JINDAI SHUILI GONGCHENG YINGXIANG JI——XUELANG YINTAO SHUO ZHEJIANG

书　　号　ISBN 978-7-5630-9659-6

总 策 划　张　兵

策划编辑　朱婵玲

责任编辑　彭志诚　张　媛

文字编辑　岳盈娉

特约校对　薛艳萍

封面设计　槿容轩

版式设计　林云松风

出版发行　河海大学出版社

地　　址　南京市西康路 1 号（邮编：210098）

电　　话　（025）83737852（总编室）　（025）83722833（营销部）

经　　销　江苏省新华发行集团有限公司

排　　版　南京布克文化发展有限公司

印　　刷　南京新世纪联盟印务有限公司

开　　本　787 毫米 ×1092 毫米　1/16

印　　张　25.5

字　　数　320 千字

版　　次　2025 年 4 月第 1 版

印　　次　2025 年 4 月第 1 次印刷

定　　价　168.00 元

前言

中国近代水利工程是在战争频仍、社会动荡的时代背景下建设和发展起来的，它见证了中国一代水利人的智慧和勇气。而这其中一个不能抹去的名字便是胡步川。他掀起了浙江台州现代水利的新篇章，开启了中国水利工程师设计、建设水利工程的历史。

《中国近代水利工程影像集——雪浪银涛说浙江》从大处着眼，小处落墨，围绕温岭新金清闸和黄岩西江闸的建设，全面、详细刻画了工程从设计、实施到完成的过程，书中同时融入家乡的美景、旅途的欢欣、亲人的温暖。可以说，作者以真实而充满温情的笔触记录了时代的变革，描摹着家乡的变化，勾勒出浙江水利工程的发展脉络。

《中国近代水利工程影像集——雪浪银涛说浙江》分为四个部分——直观生动的影像资料、严谨深入的论述与测量设计档案、部分诗词及纪念缅怀文章，共同搭建起一座通往胡步川先生精神世界与近代水利工程辉煌成就的桥梁。这些珍贵的影像、档案资料，不仅涵盖了工作考察、工程机械，也聚焦亲情友情、旅途风景，胡先生将对家乡和水利事业的热爱，化作高度的责任感和不竭的创新动力，促成了新金清闸和西江闸的成功建设；胡先生的诗词作品，或记事，或写景，或怀旧，或抒志，是其生活的记录、情感的抒发，让我们真切触摸到生命的坚韧，沉浸于文字所编织的充满意趣和人性之美的世界中；友人后辈的纪念文章，是他们走进胡先生的方式，更是一扇窗，让读者得以窥见胡先生真实而丰富的人生侧面。

在浩瀚的历史长河中，每个人都是渺小而短暂的存在，但若能如胡先生般，以萤火之躯对社会、对后世有所贡献，便足以赢得后来者的敬仰、铭记。

生命是一条涌动的河。有人沉溺其中，有人搏浪而行；有人甘于平凡，有人书写传奇。而胡先生，正踏浪而来……

序

苏小锐

作为觉醒的知识分子，胡步川先生（1893 年 8 月—1981 年 7 月）具有强烈的使命感和责任感，以一颗科学救国、治水惠民的赤子之心，谱写了水利实干家的不凡人生，创造了一代水利人的诸多“之最”。

他堪称书读得好、水治得好、诗写得好、日记记得好、文献保存得好的“奇人”。他的足迹遍及祖国的大江大河、秦川大地、江南沿海。所及黄河、淮河、汉江、岷江、浙江诸水，尤其三秦泾、渭间。在考察自然山水、开展科学研究、建设水利工程的同时，他以独到的洞察力和远见卓识，真心系民声，妙笔写天籁，不停地记录着所见所闻、所思所感，笔耕不辍，日积月累，为世人留下了自 1917 年至 1966 年整整 50 年不曾间断的日记 186 册；自 1921 年至 1965 年拍摄的水利工程和民俗风光照片 2200 余张；自 1910 年至 1979 年“为留一生印证”而创作的诗词 2000 余首。这批蔚为大观、弥足珍贵的文献宝藏，仿佛留住了远去的时光，让后人藉以穿越时空，还原历史真相，追寻社会发展脉络，汲取文明进步的智慧与力量。

《中国近代水利工程影像集——雪浪银涛说浙江》一书，即选自胡先生受聘为浙江省水利局工程师，负责台州两江闸设计建设时期，所撰写、制作的部分文献资料，结集成册。内容含论述、报告、图表、照片、诗词及后人纪念文章。选取文献有两个界线：一是地域限于浙江；二是时间限于 1929—1935 年。全书以影像图片为重点，全景式地展示当年胡先生在浙江的治水行迹和创业心路。此书是继《新中国成立初期西北地区水利工程影像集》之后，付梓出版的胡先生的第二本水利工程影像集，也是目前国内拍摄时间最早且结集出版的水利工程影像专著之一。

这批经历 90 年历史洗礼的文献，虽然影像图片文字已经泛黄褪色，但这都是胡先生的心血和情感凝结而成的文物。这些文物能说话，能讲述消逝于时光里的往事。

一、近代水利的转型

浙江治水历史悠久，浙江的文明发展总是伴随着治水的波涛奋力向前。钱塘江流域和浙江沿海的治水成功，使浙江长期成为中国经济最发达的区域之一。

胡先生曾摘录徐贞明《潞水客谈》所载："晋东迁，民日聚，而水利兴；五代钱镠，据以称饶；靖康之乱，北人南来，南宋偏安，以至富。"他深以为然，认为兴办水利，经世惠民，可有效地开发与利用浙江东南沿海滩涂，不但能保境安民而富甲一方，而且能使民众变得更加勤劳，能改良民风民俗，提升社会文明。他对古代治水方略的研究解读极为精要，并吸收提炼，融入水利兴举的实际行动。

到了近代，特别是北伐战争的胜利，中国社会发生深刻的变化。随着西方先进的水利科技传入，胡先生等一批受过专业训练的水利人抓住良机，投身革新大潮，开展继承传统与推动创新相结合的实践，探索治水之道、振兴之道。在此背景之下，台州两江闸建设见证了近代水利的历史性转型。1930 年 5 月，胡先生在《论金清港建闸》一文中写道：当今科学昌明，水利学术日进，正宜利用欧西先进之成法，以发扬光大古人治水之遗业。并期望应用现代科技治理海滩，造福一方，带动当地各项实业协调发展。

当年，两江闸建设是浙江省内重点水利工程，影响大，成效亦大。两江闸开创了浙江应用新科技建造现代大型水闸的先河，代表了当时国内水利工程科技的先进水平。胡先生在两江闸建设过程中，对治水理念、运作机制、管理机构、规划设计、新材料及大型器械的应用等方面，进行了积极的探索和成功的实践。谭徐明教授认为，两江闸是中国水利工程师独立设计、施工的第一代现代水利工程，是水利史发展的里程碑。[1]

二、实干家的故乡梦

台州濒海，易发台风洪水。家住台州临海的胡先生从小深受水患祸害，于是立志学习水利，“希望学有所成，可以贡献社会”，建设家乡，谋利桑梓。[2]

台州的温黄平原既是著名的产粮区，又是抗台防洪的重

1.《中国水利水电科学研究院贺信》，2023 年 10 月。

2. 胡步川：《在温岭县水利会的讲话》，1929 年 3 月。

点区；一旦水利设施失修，即成水患的重灾区。清代教育家戚学标曾记录其老家金清诸闸毁坏后，温黄平原遭受潮灾的惨象：“潮水一石，淤泥数斗。河身日高，河流日浅。潮至则咸，潮退则赤地而已。”[1]20世纪20年代，温黄平原连年遭劫，10年之内竟然遭遇15次台风暴雨袭击。往日鱼米之乡，变为水灾凶地。史籍中频频记录：海潮泛滥，摧毁堤坝，溺死者过万，桑田变沧海，陆地可行舟，旱涝叠加，水稻无收，疫病流行。[2]沿海百姓生活可谓苦不胜言，水深火热。

20世纪20年代后期，北伐战争硝烟散去，社会相对稳定，浙江各地掀起民生事业和水利工程的建设热潮。此时，不甘落后的台州人，为抗灾救灾积极行动，进行多方努力，他们议建闸，做规划，凿河流，耗巨款，却皆失败，无进展。“工程艰巨，疑虑庞杂，莫之敢举”[3]。依靠老办法解决不了新问题。这时候，风云际会，家乡民众的民声企盼，恰逢与胡先生的愿望相一致。胡先生受命于危难之际，毅然担负起寄托着父老乡亲厚望的治理水患、建造两闸的重任。

筹建两闸初期，胡先生作诗：

文公六闸为陈迹，民到于今颂大名。
我亦临风频怀想，当年霖雨惠苍生。

在与友人通信时还表示：水利为民谋幸福，能为家乡台

1. ［清］戚学标：《台州外书》卷一“舆地·水利”。
2.《台州地区志》，1995年9月；《温岭市水利志》，2002年8月；《黄岩水利志》，1990年7月。
3. 朱文劭：《修理西江闸记》，1943年7月。

州水利行事，虽有牺牲个人利益，亦责无旁贷；吾一向作事，抱定力行宗旨，竭吾之力行吾之事。这些见诸诗文的文字，彰显了胡先生崇尚先贤、综合治理，爱国爱乡、造福民众，注重实践、勇于担当的学识品行和治水思想。但建闸过程极为艰难，他殚精竭虑，呕心沥血，战胜“十八难”，最终建成了浙江最大拒咸蓄淡的出海闸，创造了现代滩涂治理的新范例，实现了圆梦故乡。

三、工程师的担当

有抱负敢担当的胡先生，是台州专业工程师建造水闸的先行者。他打破读书为做官、官员办水利的陈规，实现了凭知识靠技术选择人生道路、专业工程师主持办水利的转变。

胡先生赋予水利工程师崇高的使命，认为“为社会尽责，惟工程家最有作为；为爱国奉献，惟工程家做得远大；为百姓谋事，惟工程家最富实效”。他说，建设两江闸，吾人负水利之责，当怀临深履薄之决心，竭力指导督促，求得最佳效果，以慰众望。在处置工程突发事件中，他的担当与操守，得到充分展示，并取得出色成果。

1932 年 1 月和 4 月，西江闸基先后两次发生意外崩坍事件。对此，胡先生没有“躺平”，没有“甩锅”，没有推诿或曲意问责下属，而是挺身而出，及时平息事态，妥善解决问题。事发后，他都立即奔赴施工现场，迅速查明事故原因，周密研究处置办法，并以主任工程师个人名义，公布真相和善后方案，发布“告全县民众书”。胡先生摆事实、讲道理、善谋划、勇担当的态度，赢得民众普遍的信任和称颂。朱文劭写道：“岸土崩塌，嚣然之声复大起。

主其事者不为所撼，卒底于成。”[1]时任浙江省建设厅厅长曾养甫在出席西江闸竣工典礼时，亦称赞胡先生的责任意识和人定胜天精神。

两江闸建成后，善于开拓创新的台州人，持续推进经济社会综合发展。两江闸保障了灌溉区农业稳定高产。资料显示，两江闸受益农田达 102 万亩，约占当时台州农田总数 368 万亩的三成。台州米粮连年增产，一度跃居仅次于绍兴的浙江全省第二位。[2]抗日战争期间，还以余粮支援军需。至 1984 年统计，受益田地还有 86 万亩。[3]

90 年过去，水利文明标志的两江闸，仍然发挥着泽惠民众、造福台州的作用。先人留世的水利文化遗产，仍将给后人以深邃的启迪和无限的遐想。

胡先生为乡贤先辈，我有幸捧读其文献，谨以为序。

2025 年 1 月

---

1. 朱文劭：《修理西江闸记》，1943 年 7 月。

2. 《台州地区志》，1995 年 9 月。

3. 《浙江省台州地区水利水电工程基本资料汇集》，1984 年 7 月。

目录

影像

中国近代水利工程影像集

——雪浪银涛说浙江

第一部分
西江闸

图片说明：谭徐明

▲ **黄岩西江闸全景** 西江闸位于浙江省黄岩西江和永宁江交汇处，由胡步川主持修建。1931 年 11 月开工，1933 年 6 月 20 日建成。远处为永宁江上的利涉浮桥。照片右上方题字为胡步川手书：“西江闸对永宁江，自公墓（指“魂兮归来”碑亭处）之顶向东北望。”（照片上红字均为胡步川先生亲题，其色彩，为胡步川本人设色绘制，历时 90 余年，仍色泽如新。后同。）

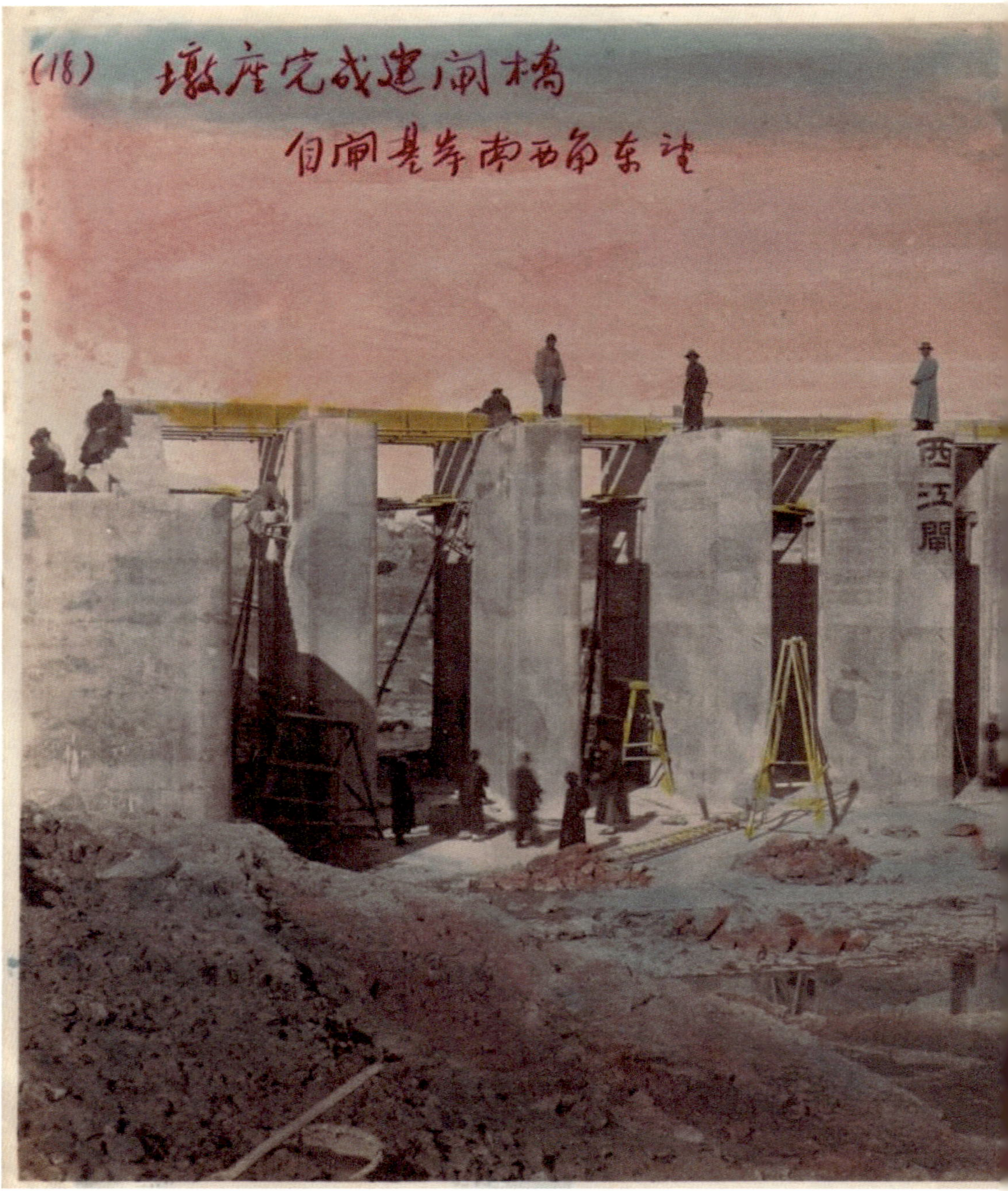
(18) 墩座完成建闸桥
自闸基岸南西向东望
西江閘

◀ **黄岩西江闸闸座墩全部竣工** 照片中显示西江闸闸墩水泥浇筑工程已全部完工。胡步川题写的“西江闸”三字已镌刻完毕。照片左上方题字：“墩座完成建闸桥，自闸基岸南西角东望。”1933 年 3 月 11 日摄。

▲ 西江闸与拦河坝外的滩涂泥沙逐渐稳定。

▶ **凭栏俯视影纵横** 西江闸竣工后闸口进水时，胡步川站在闸墩上。

西江闸巡礼

▲ **西江闸上立斜晖** 作为黄岩第一座现代化水闸，西江闸启用后，当地人士纷纷到闸上参观。胡步川夫妇（左一为胡先生太太王素芬女士）陪同友人在闸上，右立者为胡步川先生。

◀ 西江闸上，胡步川与闸门启闭操纵机。

▶ 新成公墓傍西江

胡步川于西江岸边捐薪建立公墓墓碑及碑亭，并亲笔题写“魂兮归来”，以纪念因修建西江闸而迁冢于此的先民。中立者为胡步川。

▲ **完成后二年之西江闸** 西江闸建成后，灌溉面积达八万亩*，排涝面积十二万亩。建闸效果卓然。二年后，胡步川来此巡视坝闸运行状况。1935 年春摄。

*1 亩≈ 666.67 平方米。

▲ 西江闸运行五年后的样貌 西江闸的修建，为温黄平原成为“台州粮仓”奠定了基础。

第二部分
新金清闸

图片说明：谭徐明

▲ **新金清闸枢纽水力学模型** 1929 年浙江省建设厅批准建新金清闸。胡步川经实地科学调查后，确定坝址，提交报告，并绘制设计图纸。

▲ **新金清闸全景** 1932 年 10 月开工，1935 年 3 月投入使用。因设有 22 个闸孔，又称“廿二洞闸”。闸总宽 76 米，每闸孔宽 2.5 米，闸墩厚 1 米。排水宽度 55 米，设计流量 700 立方米每秒。新金清闸建成后，不仅温黄两县 130 万亩农田得到了有效的灌溉，而且成为温黄平原主要的拒咸蓄淡排涝闸。

▲ 为获取设计方案的第一手数据，胡步川带领测量队实地测量水文。

▲ **金清筑坝打桩时** 1932 年 10 月 1 日，新金清闸开工建设，金清港上的围堰工作架已搭成。

▲ **沉船初到** 建闸围堰所用的施工船。

▲ **坝桩打成** 围堰筑坝打桩。

◀ **筑坝沉桩上横木**

◀ **金清筑坝沉船**

金清闸闸基施工。围堰用沉船封堵，然后抛土石。

◀ **新河成时开下坝**

◀ **新河成后开下坝**

▲ **掘坝放水试闸工** 闸完工后，开围堰缺口，试放水检验闸基。

▲ **材料场** 新金清闸施工材料场。

▲ **材料场** 通过水路运来的工程材料陆续进场。

▲ **敲石子** 民工正在敲碎石，用作闸基和混凝土骨料。

▲ **运石料** 为建新金清闸铺设的施工运料轨道。

▲ **金清港内挖泥机** 疏浚金清港的挖泥机。

▲ **打洋灰机** 施工现场的混凝土搅拌机，时称打洋灰机。

▲ **开港之初埋水管** 金清港闸底埋设水管。

金清闸底
打桩架

▲ 水闸闸基采用碎石铺筑。

◀ **金清闸底打桩架** 金清闸底的打桩架正在施工。

◀ 闸基打洋灰

水闸闸基铺设钢筋网，浇筑混凝土。

◀ 基桩完工

新金清闸闸基下桩，基桩完工。

◀ 打基桩

新金清闸基桩完工后的现场。

▲ **新金清闸闸基之进行** 新金清闸闸基初见轮廓。

▲ **钢筋混凝土底板** 新金清闸钢筋混凝土底板铺设钢筋。

▲ 闸基上搭建施工用的钢筋三角架。

◀ **翼墙立钢筋** 新金清闸翼墙立钢筋绑扎施工中。

◀ **钢筋混凝土闸基** 新金清闸闸基铺设多层钢筋。

◀ **定闸墩钢筋** 新金清闸闸墩钢筋架。

▲ 新金清闸翼墙顶部铺设钢筋施工现场。从翼墙侧面可清晰看到每一层钢筋混凝土浇筑的厚度。

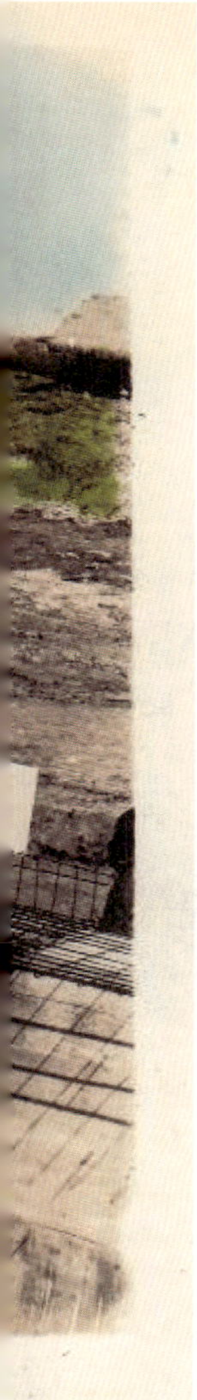

▲ **下水砌石护闸脚** 施工中的金清闸闸墩砌石护闸脚。

▲ 闸墩建成，新金清闸初具规模。

▲ 完工后的闸门槽（侧面）。

▲ **建筑闸桥** 闸桥建设中。

▲ **金清闸墩初完工** 远眺建设中的新金清闸主体工程。

▲ 新金清闸完成封顶。

◀ **金清闸上赶桥工**
新金清闸闸桥施工中。

◀ **闸桥将成** 新金清闸闸桥施工远景。

◀ 闸顶操纵机基座在浇筑混凝土。

▲ 吊装时任浙江省建设厅厅长曾养甫题写的“新金清闸”石额。

▲ 新金清闸工程管理人员。

◀ 新金清闸工程处施工与技术管理人员。

▲ **闸工将成装闸门** 正在安装新金清闸启闭闸门。

▲ **新金清闸装闸门** 吊装闸门施工现场侧面影像。

▲ **操纵机座** 安装闸门启闭机的三脚架已准备就绪。

▲ **闸墩成时装门机** 新金清闸安装启闭机的施工现场。

▲ **金清闸桥与操纵机** 新金清闸闸桥与闸门启闭机全部安装完成。

▲ **新金清闸操纵机之一部** 新金清闸启闭机安装完毕。

◀ **操纵机全部装置完成** 完工后的新金清闸。22孔拦河闸，堪称近代水闸之最。

▶ 新金清闸桥与操纵机

新金清闸闸桥与启闭机纵面影像。

與操纵機

◀ 金清闸起重机
新金清闸启闭机近景。

◀ 操纵机与混凝土机座 新金清闸上的启闭机和混凝土机座。

◀ 伐石铭功 混凝土机座上的《温岭新金清闸闸工记》，为时任浙江省建设厅厅长曾养甫所作。

▲ **金清闸上汽车桥** 新金清闸宽敞的闸桥，可行驶汽车。

▲ **新港将成忽坍土** 新闸闸口前未清理的坍土。

▲ **闸工成时掘下坝** 新金清闸主体竣工后，清理闸后水道。

▲ 新金清闸完工 新金清闸历经一年零十个月的紧张施工，于1934年8月主体竣工。

▲ 新金清闸完工之时 新金清闸竣工初期的样貌。

▲ **浙江温岭新金清闸行将竣工时摄影** 新金清闸竣工之时，胡步川赋诗：“文公六闸成陈迹，民到于今颂大名。我亦临风频怀想，为霖为雨惠苍生。”

水工六闸咸除除民到于今尚有大名
我此晚风孤帆想犹蒙其惠苍生
胡步川题

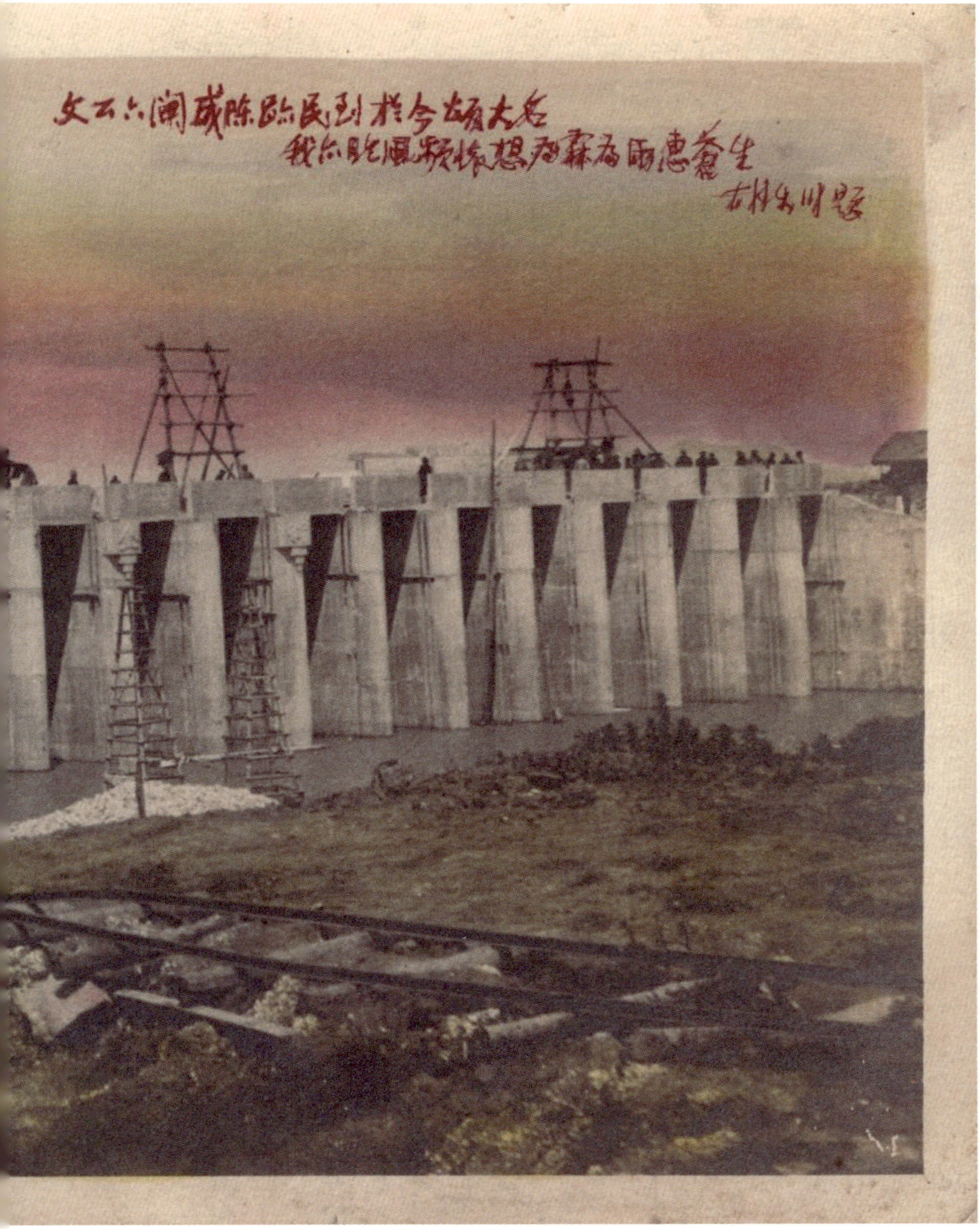

▲ **新金清闸上水之一部** 新金清闸上游迎水面。

▲ **新金清闸下水之一部** 新金清闸下游迎水面。

▲ **新金清闸全景**

▲ **温岭新金清闸巡视留影之一** 1937 年温岭新金清闸巡视留影之一。新金清闸具有排涝、御咸、蓄淡等功能，为当时东南沿海最大规模的多孔拦河水闸。

◀ 温岭新金清闸巡视留影之二

▲ **浮桥头浚河淤田之成绩** 建闸后利用金清港浚河滩泥淤田，斥卤滩地成为良田。

▲ **新金清闸畔落日与水光** 新金清闸畔的落日美景。

第三部分
钱塘掠影

图片说明：谭徐明

▲ 惊涛拍岸卷起千堆雪 1933 年浙江钱塘江萧绍海塘西兴码头附近涨潮时情形。

▲ 潮头碰激腾汹，撞击海塘 R104 号坝的情形。

▲ **钱塘江头挑水坝** 1933 年 5 月，施工中的海塘 B 号挑水坝。

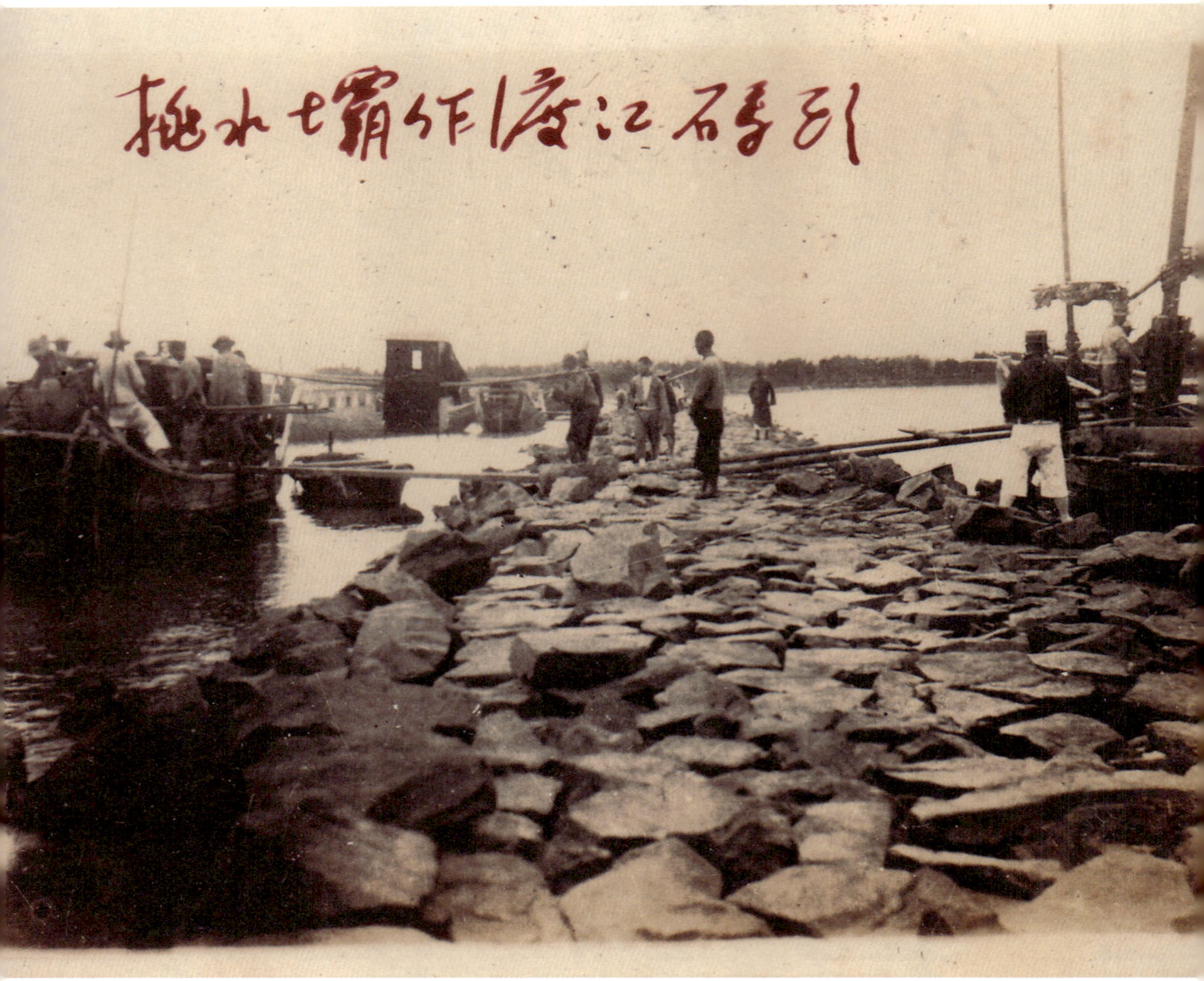

▲ **挑水坝作渡江码头** 105 号挑水坝施工情形。它将兼作钱江义渡码头，为旅客上下船所用。

▲ **钱塘江挑水坝之成果** 九号挑水坝施工工料运输铁轨受潮流直冲之损坏情形。

▲ 九号挑水坝施工工料运输铁轨受潮流横冲之损坏情形。

▶ 九月中旬，江潮退后 B 号挑水坝坍塌后的残存部分。

◀ **西兴江头挑水坝** 西兴塘挑水坝受潮流掏刷，下陷受损之情形。

險塘功成照

▲ **险塘功成咫尺间** 重建后的西兴塘险工段。

八堡參觀新石塘

◀ 八堡参观新石塘

浙江水利人士参观八堡新建海塘段。一排右一为胡步川。

▲ **自钱江大桥上遥观六和塔** 1934 年钱塘江大桥开始建设，从建桥工地遥观六和塔。

▲ **自钱江大桥上观玉皇山诸峰及桥工处材料厂**
施工中的钱塘江大桥及桥工处材料厂，远眺玉皇山诸峰。

▲ 1937 年夏。钱塘江大桥铁路桥完成过半。

錢江大橋之
二十六年

◀ **钱江大桥之铁工**

钱塘江大桥上层公路桥钢架正在铺设中。

▲ 钱塘江大桥上层公路桥之钢结构。

▲ 施工中的钱塘江大桥公路钢筋混凝土桥。

▲ **之江江上发电厂** 钱塘江左岸建设中的之江发电厂。

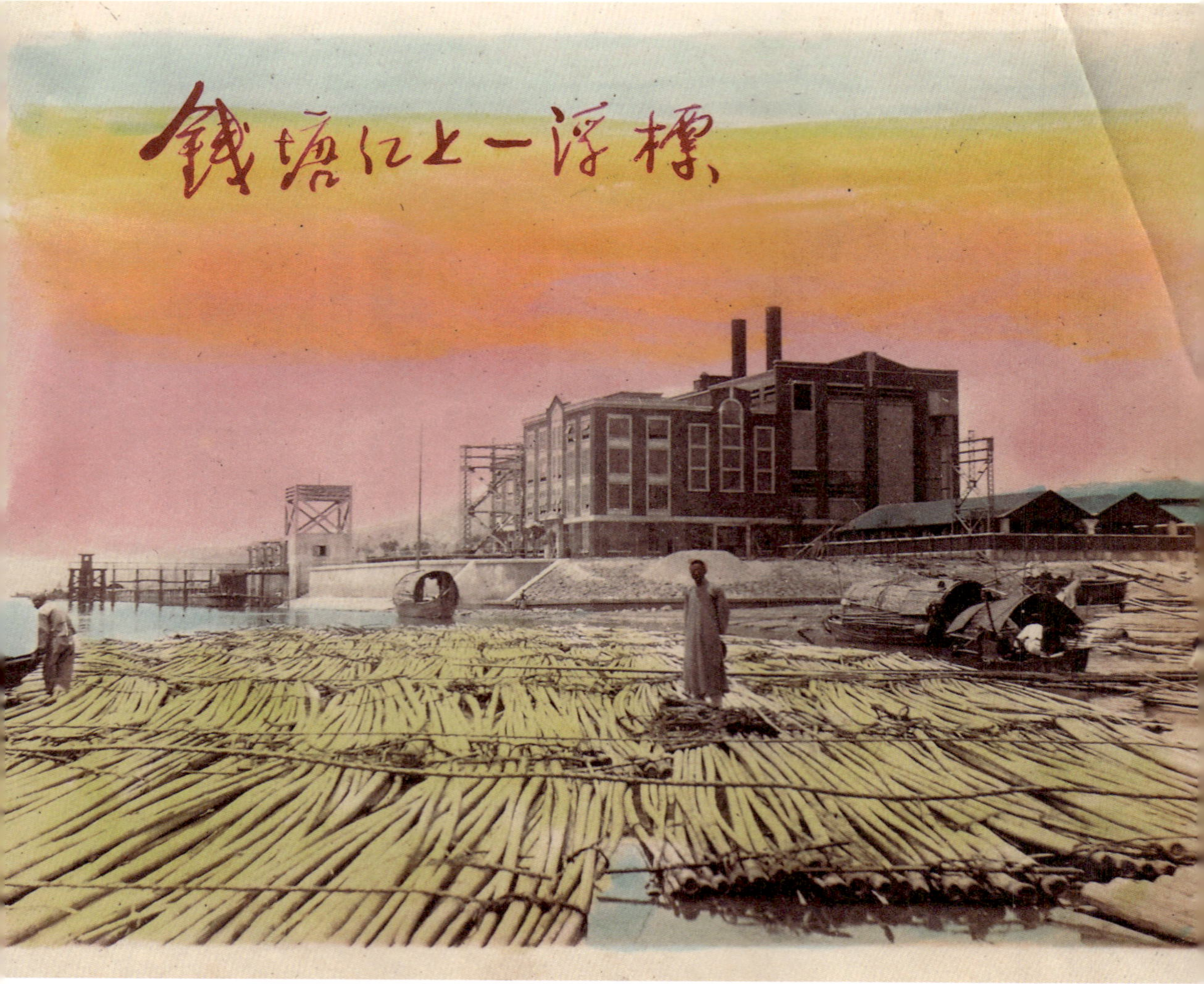

▲ **钱塘江上一浮标** 胡步川站在之江电厂的竹排上。

▲ **杭州给水粗成功** 1931 年 8 月杭州给水厂建成供水。

大雾一碧玉江

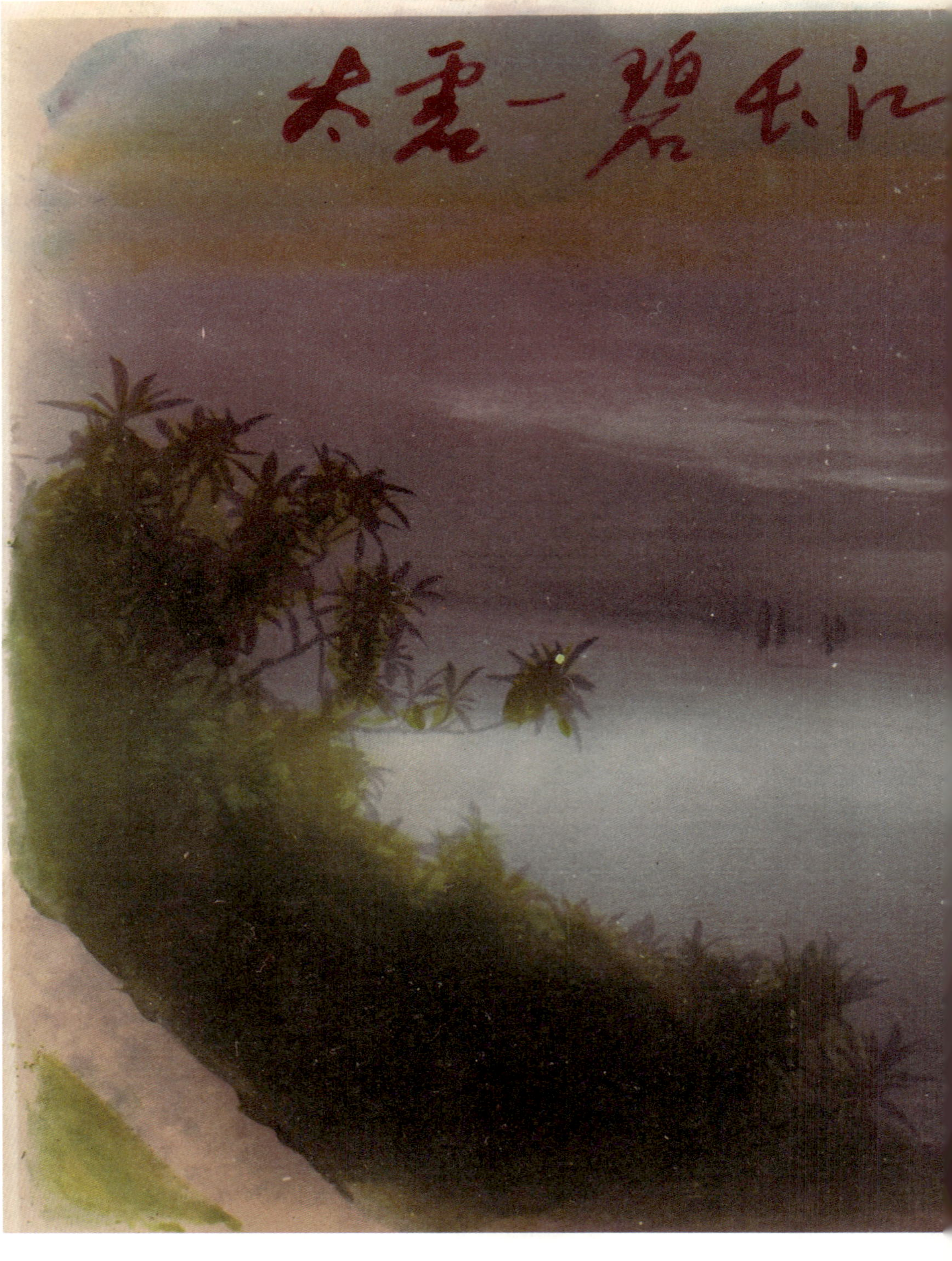

◀ **钱塘晚照** 太虚一碧，长江万里。

第四部分
亲情· 乡情· 友情

图片说明：苏小锐

亲情

▲ **胡步川夫妇** 1935 年摄。

▲ 新河登明寺之冬 1929 年，胡步川在建新金清闸期间，借住新河登明寺中。住所兼办公，斗室仅能容膝，冬季三面透风。新金清闸的设计图及报告书，均在此斗室完成。一年后，身染肺病，但仍坚持工作。1932 年新金清闸开工数月，胡步川终因积劳成疾，导致吐血，肺病从此伴随大半生。照片中的胡先生坐于登明寺院落中。

▲ 胡步川在西湖疗养院病房前的阳台上。

▲ 1930 年 3 月胡步川在西湖疗养院治病期间，与妻子王素芬（又名王锦）摄于葛岭山。

▲ **六和塔下坐巉岩** 1931 年胡步川时断时续在养病，病情稍微好转些，便马上又回到新河建闸工地。时胡步川坐在六和塔下的巉岩上。王素芬摄。

▲ 葛岭山顶的树下，胡步川为陪伴自己的妻子拍下了这幅小照。

▲ 1933 年冬，在西湖养病的胡步川（右），与前来探访的友人合影。

▲ 1934 年春，病情好转的胡步川与母亲兄长同游杭州清涟寺。

▲ 1934 年夏，王素芬叔伯姊妹王宝莲（左二，王文庆之女，苏玉衡夫人）、王瑞莲（左一，1949 年云南起义将领杨中平夫人）专程从南京到杭州探望病中的胡步川。特在灵隐山门前与胡步川夫妇合影留照。

▲ 1935 年春，胡步川夫妇与包寿眉夫妇同去琅珰岭（今梅家坞村东北的山岭）龙井村，中途小憩。

▲ **狮峰山上观新茶** 照片中为胡步川妻子王素芬和她的妹妹王肖芬，均是那个时代进步女性的代表。

▲ **故乡尚有好湖山** 1929 年胡步川夫妇回临海时拍下的东湖影像，远处为巾子山，东湖西岸为台州府城墙。照片中穿旗袍者为其妻王素芬。

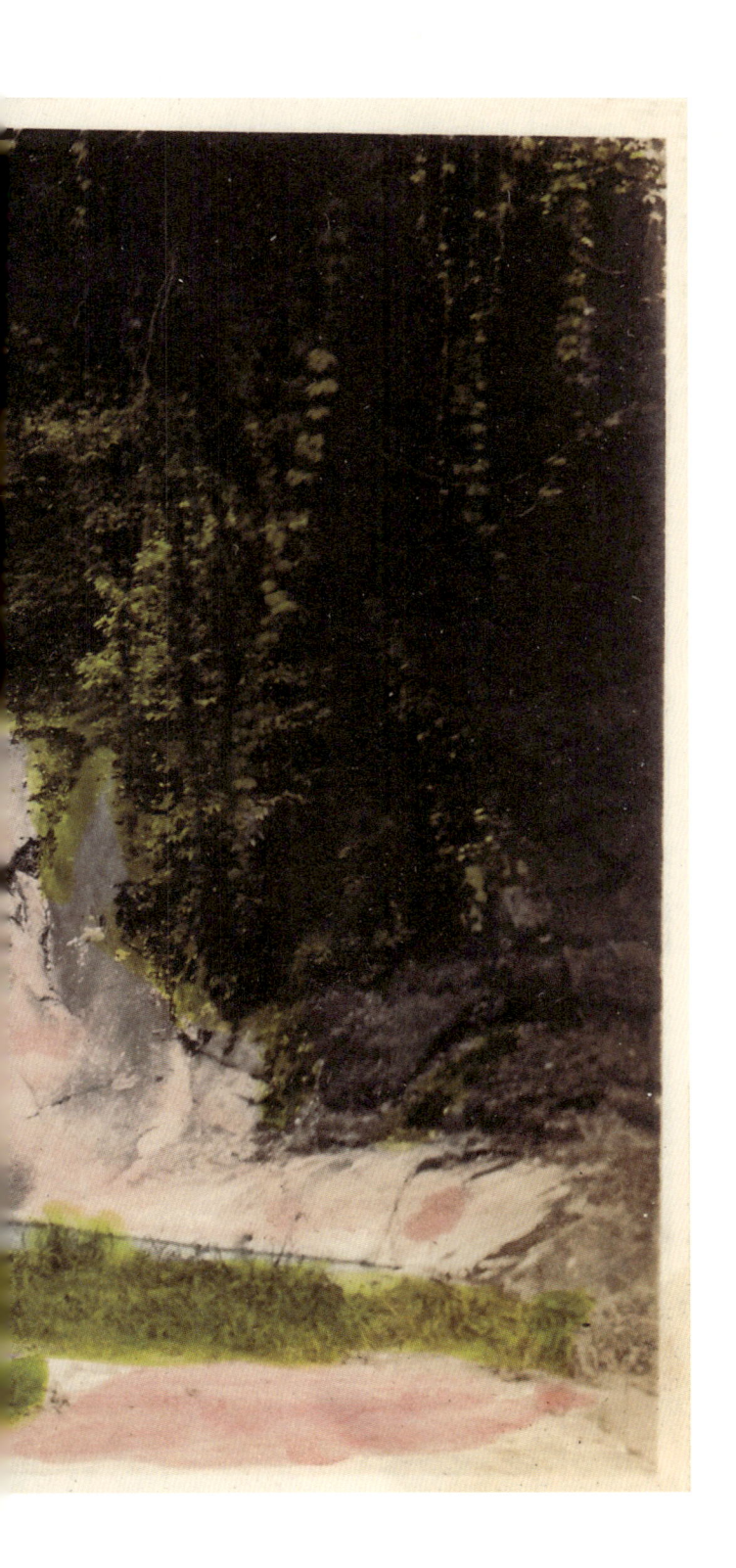

◀ **天台山中石梁瀑布之上游** 1929年胡步川夫妇在天台山石梁瀑布前留照。

乡情

▶ **临海巾子山** 胡步川故里——临海巾子山，位于临海古城，山上有古塔四座，南麓江厦街濒临灵江。1929年摄。

◀ 巾子山上俯瞰，山坡下为三元宫。1929 年摄。

▲ 始丰溪，又名大溪，被誉为天台的母亲河。流入临海境内后，途经胡步川家乡石鼓村，绕村外焦岩而过，汇入灵江。

▲ 1937 年夏胡步川返乡，乘小船靠近始丰溪石鼓渡口留影。

▲ 胡步川家乡石鼓村边的宋代古刹青莲寺和绕村而过的始丰溪风景。照片题词:“家乡好，古刹建何年？百万人天闻石鼓，大千世界见青莲，缥缈驻神仙。一池水，长证佛门前，止作琉璃清世虑，放为云雨润原田，功德大无边。”此诗收入《雕虫集》《家乡好八阕》之六《青莲古刹》，诗中文字略有不同。

▲ 胡步川妻子王素芬的家乡——著名的临海古村落岭根鸟瞰图。1932 年摄。

▲ **农村有秋** 建在古村落里的岭根书院。1932 年摄。

▲ **九峰塔倒桃花潭** 九峰塔即位于黄岩东郊九峰的瑞隆感应塔。1931 年初冬摄。

▲ **高塔临河傍竹林** 清咸丰三年（1853）重建的文璧巽塔，位于嘉兴桐乡崇福镇。1931 年摄。

▲ 浙江天台山山麓国清寺的隋朝古塔。

▲ 临海城内天宁寺前（今龙兴寺内）的千佛塔。1937 年清明后摄。

▲ 金清港流经温岭东乡的景色。1931 年摄。

▲ **温黄运河达海门** 五代吴越国时期开凿的南官河，跨越西江、金清两大水系，纵贯温黄平原，为台州历史上最大的人工河。1932 年夏摄。

▲ 温岭金清港分支麻车港琅岙门河段，清道光年间建有琅岙闸，后闸废。

▲ **海门帆影** 题句“江天鼓棹入林皋，帆影参差半江月”。

▲ 家乡河流中的小型滚水石坝，其作用是既可抬高上游水位便于引水灌溉，又能拦蓄泥沙、调节水流。

▲ 碎石堆砌的石坝，蓄水灌溉农田，又不影响运输交通。

▲ 竹筏驶过石坝。

▲ 山村河道垒石作坝。

▲ **温岭东乡玉洁闸** 建于清光绪十五年（1889），为五孔闸桥。1934 年，新金清闸建成后，玉洁闸废。1931 年摄。

▲ 温岭玉洁闸上水面。

▲ 玉洁闸桥面。

▲ 古代桥梁，蕴含着丰富的工程原理。

▲ **长桥古道** 承载了多少道不尽的过往。

▶ **横湖鸿爪** 黄岩南门外的石桥，桥上站立者为胡步川。王素芬摄于 1932 年夏。

▲ **新昌公路畔的济生桥** 位于绍兴新昌江上游后岸村与央于村之间的江面上，今已毁。

▲ **丛篁绿水** 抬梁式平桥。

▲ **长桥卧波**

▲ **月埋村庄**

▲ **茂林清流**

▲ **野桥古树** 完整的三孔石拱桥，立柱、护栏、券板、长桩帽皆清晰分明。

▲ **弓桥虹影** 独运匠心。

▲ **溪声桥影** 散落于乡野的水利设施。

▲ **水光虹影** 石桥见证着岁月的流转，记录着前人的智慧。

▲ **山洪权威** 被山洪摧毁的桥梁。

▲ **溪桥架空** 为方便通行搭建的简易竹桥。

▲ **汽车路桥** 石木混建的桥梁。

▲ 温岭县水利工程处新建的泰儿埭混凝土桥梁。

▲ **茗花夹道** 芦苇花之美景。

▲ 大山深处的傍水村庄。

▲ **临河田庄** 江南水乡。

▲ **浙西人家** 祥和繁荣的浙西古城。

友情

▶ **孤山之会(一)** 1934年春，胡步川夫妇与至柔、文渊、幼植等同乡好友聚会西湖孤山亭。左二为胡步川，左四为王素芬，右二为包寿眉，右三为周至柔。

甲戌之春孤山之会

▲ **孤山之会（二）** 最高处者为周至柔，胡步川题字曰“至柔兴豪，手舞足蹈”。

▲ **郭庄小叙** 胡步川与友人摄于杭州卧龙桥畔的郭庄。左三为胡步川。

▲ 胡步川妻子王素芬曾就读东南大学生物系。1921 年 4 月与同系采集队师友游南京栖霞山。前排右五剪短发者为王素芬。王素芬是辛亥革命爆发后在家乡岭根第一位剪短发的女性。

▲ 1933 年秋，两位友人前来探望仍在西湖疗养院养病的胡步川。

▲ **白云庵访意周**　胡步川与好友到杭州白云庵拜访住持意周。意周曾是辛亥革命早期革命党的坚定支持者，后隐居白云庵。

▲ 养病期间与前来探望的友人合照。

▲ 西湖疗养院下山的路上送别好友。

▲ 葛岭山顶西湖疗养院病房院中的小径，胡步川与前来探望的友人一聚。1934 年摄。

▲ 胡步川好友，虎跑泉边四君子。

▲ 1934 年春，好友前来探望病中的胡步川。合影于西湖疗养院雁堂前。

▲ 1938年7月临海屈映光（右，时任国民政府赈济委员会副委员长）到访西安，胡步川陪同老友在三藏法师鸠摩罗什塔留影。

论述与测量设计

中国近代水利工程影像集
——雪浪银涛说浙江

论金清港建闸[1]

胡步川

总论

金清港建闸，不自今日始，宋时已见诸史册矣。惟今日之工程，与昔日异者，厥有二端：一曰古今地势不同，二曰治水学术日进。考宋时地势，不但静应山东麓，皆是大海，即新渎、牧屿以东，横峰桥以南，亦皆海涂涨地。以古证今，则先有朱子六闸，而后有白枫、新渎二闸，而后牧屿闸，而后又有琅岙、金清、玉洁诸闸。以今证古，则新渎、牧屿、横峰桥等处地面，皆与下塘角等平。且东洋一带，河渠纵横，密如蛛网，有似涨海为湖，辟湖为田之确据。故今日建闸，自宜通盘筹算，因势而利导之。况当此科学昌明，工业竞进之时，古人所未及者，今人皆优为之。吾人正宜利用欧西先进各国之成法，以发扬光大吾先人遗业，尤不宜胶柱鼓瑟，故步自封也。

1. 新金清闸工程，于 1932 年 10 月动工，1934 年 8 月竣工。此文著于 1930 年前后。

建闸之历史

此邦建闸之历史久矣。宋元祐间，罗提刑赤城先生，以台人治台，考察沿海情形，改埭建闸，是为此邦建闸之鼻祖。盖当时滨海之人，仅知筑埭御潮，因陋就简，而未明建闸之旨，蓄泄均感不便。穷则思变，乃理之常。

绍兴九年，黄岩令（时太平未分县）杨炜，疏治河道，农田不患水旱者数十年。盖建闸之后，则闸内渠道必较天然河流，易于污塞，然一经疏浚，即或获益。及朱文公提举浙东，相度海滨形势，议修旧闸三，筑新闸六，即永丰、黄望、金清、周洋、鲍步、长浦、蛟龙、陡门等是。寻文公易官江西，由常平使勾昌泰继其事，精思力行，告厥成功。于是滨海一带，斥卤之区，尽成膏腴之地。历元、明二朝，虽曾设官管理疏浚，然未闻修理添建，足见其功之伟且久也。

清乾隆间，废白枫闸，建新渎闸。嘉庆二十一年[1]，金于城又建牧屿闸，闸制更臻完善，西北二乡，均为蓄泄。实以自宋迄清，历年既久，海涂日涨，原田既辟，支辟合并，朱子六闸，已为陈迹久矣。

道光十一年，县令张询，建闸琅岙，实仿绍兴三江闸之成法，即明嘉靖间四川汤绍恩，建三江闸于钱塘江之滨，蓄泄绍兴、萧山二县之水。据云闸未建时，咸潮直入绍兴城，民苦斥卤，而当时绍酒亦未出名。鄙人尝考三江一闸，位绍兴城北四十余里，两岸有山，一如琅岙门；而绍、萧二县地势之平坦，一如温岭县。惟钱塘形势，变易较少，故该闸利赖至今。而温岭东海中，以有琅矶、白果、石塘诸山阻浪，致海涂日涨，泄水日非，故获益不及三江闸之久者以此。道光十八年，县令冯锡镛，复筑金清闸于牌坊汇者，亦以此。

迨道光二十二年，县令刘旭将金清原港筑坝，是亦必然之势，盖非如是，则不足以蓄水御咸。惜乎历来当事诸君，不能引起建闸筑坝要义，以科学方法，解决此大工，遂致泄水不足，反使中、西、北三乡有其鱼之痛，演成道光十二年、二十八年，及咸丰三年、六年拆坝斗毁之惨剧。此不特张、冯、刘三君初意，

1. 应乾隆四十九年（1784）建，嘉庆二十一年（1816）重修。

所不及料。即光绪十三年，县令王寿丹，士绅金鹤年诸君，于咸田湖添建玉洁闸时，亦未料及也。兹于下节明言之。

建闸之要义

建闸之要义，大别为五，分述于下：

一曰省地势。茫茫禹甸，地质不等，地势各异，故地建筑物，亦不能强同。如长江大河，挟浩浩滔天之流，具高屋建瓴之势，必不能建闸阻水。若汉水、嘉陵、泾河、三江及潮白、新开等河，则流行于一部分平原之上，流较小而势较缓，故以人工建为闸坝，蓄水溉田，御咸排洪，久著成效。金清港流域，自西至东，自南至北，各百数十里，除少数山地外，地面等平，适合建闸之惟一要义。盖以地本滨海，斥卤而低下，尤非建闸，不足以蓄泄。惟沧桑变易，生今不能反古；则古人成法，自难墨守。故继朱子六闸而起者，有白枫、新渎、牧屿、琅岙，及金清、玉洁诸闸。此皆由海涂日涨，塘田日辟，支流合并之故，夫闸既远海，闸外必易淤积，是以闸址，自西而东，闸数自六，而二而一，势使然也。

二曰划一横断面。河流之分支，有关横断面积之宽窄，即有关水流之改变，及涨沙之成因。远处姑不论，兹就金清、玉洁二闸而言，金清港自寺前桥至金清闸一段，南有渡南头桥，及廿四弓口之分水；北有金清咸河之分流，而此一段涨沙，增高至一丈之谱。

金清咸河，自浮桥至九洞桥一段，其上游（浮桥附近）河面，较下游（九洞桥上下）宽三分之二，故此段之涨沙高至八尺；自九洞桥至玉洁闸一段，河面宽窄虽相等，然其北岸有茶亭河之分水，故此段涨沙又高至六尺，宜乎咽喉闭塞，而水流不畅也。

盖水流之量，系流速与河之横断面积相乘而得。则河既分支，其横断面积必增，而流速因之大减，挟沙因之停积，再加以年月，遂成今日之形势。且金清闸放水之时，玉洁闸未必放水，则金清咸河以无流速而停沙；若玉洁闸单独放水，则金清大港积沙，亦同此理。故建金清、玉洁二闸之时，其意在免除水灾，而结果适得其反。是非闸址选移之果，实横断面致棼乱之因。

三曰测量全流域面积及雨量。建闸之工，乃千秋事业，须策万全，务使有利无弊，故通盘筹划，尤为当务之急。今人徒知琅岙、金清、玉洁各闸，不能排水之弊。若问以致弊之因，则佥以为下游港面，较上游为窄，闸洞太少，源流限制之故所答。此理固深，然亦可择要约略分言之。

甲：测量金清港流域面积，共若干方里（所谓某港流域者，乃域内雨水完全归入某港之谓）。

乙: 测量流域内长年雨量, 每方里高若干寸; 并得一日内最大雨量高若干寸。

丙：以一日内最大雨量，与全流域面积相乘，即得降雨最大时，应由金清港排出之总水量。

丁：以总水量，计算该港之横断面积，及闸门之多寡。

鄙人计划书中，定新金清闸为十八孔者，即本以上之要义，推算而得。将来闸工告成，不但温岭中、西、北三乡无积水之忧，即黄岩境内，及温岭东南两乡，亦免其鱼之叹，可断言也。

四曰谋改良。当此科学昌明时代，物质文明一日千里，闸制之改良，无微不至。吾人处此潮流之中，岂可自封故步；而闸门式样之选择，尤为急务。考旧式闸门，系用横板，共大弊有五:

甲：每启闸一次，须待闸外潮位，与闸内水位相平，而后可用力。故每日二十四小时中，仅有四小时之机会。若一旦山洪暴发，尚非启闸之时，则水流无路，水灾以成。若闭闸之时，则与之相反，遂致放水过多，一逢天旱，即成饥馑。

乙：假定山洪暴发，或放将毕之时，适逢潮平之候，得以迅速启闭。然每次启一根闸板，须费时至三分钟之久，每一闸孔之闸板，多至六十余根。故每逢潮平一次，尚不能启完或闭完一孔。

丙：即增加闸夫之数，使一齐动手，然启时自上而下，闭时自下而上；所有山洪挟带之泥沙，以比重较大故，均停于闸内。此闸内日积日高，港底形成拦河大堰之所由也。

丁：使闸孔增多，则在短时期内，必不能尽数启闭完竣。如今之金清、玉洁二闸，每次涨水，常启其一孔或数孔以放水。当水流出闸之时，流向过偏，回转成旋流，泻路既长，结果致沙积。遂使二闸以外，造成肚兜坤，伸出港心，阻碍排水。

戊：闸板之数既多，漏水之缝亦随之俱多。潮涨则咸潮内灌，倒流甚大；潮落则淡水外漏，量亦如之；而潮流所挟之涂泥，则尽存闸内。故所谓蓄淡御咸排洪者，久已失效，固不待闸上积淤高涨，始见其弊也。

是以改良闸门之制，实为先着。考欧美成法，闸门制甚多。若采用平铁板门，则水压力既大，起重机之力，亦随之俱大。如仿华北水利委员会苏庄潮白河上泄水闸办法，用高架起重机也，则用费多矣。兹以本地木材尚多，为就近取材及省费计，故择用木制闸门。

法于迎水之面，用辐形木闸门，为蓄淡排洪之用；藉圆面分力之旨，使水压力减轻，易于启闭。迎潮之面，用横闸板，专为御咸之用。若测知山洪之将至，则于潮落时，先启横板，而后应时启辐形闸门。若闭闸之时则反之。此种闸门，系钉成整个，其下方中心，有铁链，上达桥板，使绕于起重机之轴。机藉二次轮轴节力之旨，用二人手摇，不论潮之涨落，于五分钟内，即能启闭，轻便敏捷，既不漏水，而启闭又不拘时刻。故以上五弊，均可除去矣。

五曰节经费。考工程家之所以为工程家者，以其所为建筑物之能永久而省费也。故其对一切工程之进行，设计不嫌其精，估算务求其密，省势察理，尤为急务。鄙意此新金清大闸能成功，则廿四弓口之新永安闸，及北乡出水之温岭街闸，皆在可有无之间。若地方有充裕之经费，则多建一闸，固收相当之效，然谈及节费问题，则相去远矣。惟为温台之交通，及滨海之渔利计，则并行亦不相背耳。

建闸之利益

温黄二县，负山濒海，田畴平坦，土壤肥沃，产谷之多，浙东称最，尝计一年之丰收，足供九年之用。而温岭东海中，有琅矶、白果、北港、松门、石塘诸山为屏蔽，海涂日涨，方兴未艾。现计金清港流域，可耕之田，已近九十万亩之多。徒以水利办理不善，益以年久失修，频遭水患，群以为苦。至民国十五年，温岭以东南等乡，为受洪潮之劫后，建筑滨海一带高塘，而不设出水之口。时黄岩滨海高塘，亦同此办法。遂致万派源流，均由金清、玉洁二闸以入港，在寻常已患不足排泄，泛滥成灾。无怪乎在近四年之内，无年不灾，无灾不剧，变本加厉，亦势所必至，理有固然，若及早直追，未始无补。

今由测量之结果，拟将下塘角附近之拉萨汇凿通，即建新金清闸于其上，而废去金清、玉洁二闸。则凡金清港流域内，东至于海，西至于鉴洋湖，南至于温岭县城及下墩，北至于路桥及杨府庙，皆可资蓄泄之利，而可免水旱之灾。即以最小利益计算，每亩田可增加农产物一元，则每年即可增九十万元之收入矣。

若闸外泊海外商轮，闸内沿金清港而上，通小轮船，分达内地各河渠，则水道交通便。复以此新金清闸为汽车路桥，辟温黄两县之滨海高塘为汽车路，则陆路交通亦便。交通既便，商业自振。若渔盐之业因之而兴，葑藕之利由之而普，独其小焉者也。

余论

以上所言，仅论其大略，若闸址之选择，测量之成绩，设计之大概，工费之预算，及动工之步骤等，均详于拙著《浙江省水利局温岭水利工程处第一期报告书》中，故不赘述。是项设计，已由省水利局白郎都总工程师签字，待稍加更易，即可在沪招标兴工，预计二年以内，当可望成。

惟巧妇难为无米之炊，兴工先在筹款。虽省政府对于此项工费，允酌量津贴，又省府会议通过，令黄岩县支出工费四分之一；而温岭人民，居主人之位，尤宜振作精神，则众擎易举，庶几有效，不然，将见黄金虚牝，其灾有甚于缘木求鱼者矣。

浙江省水利局温岭水利工程处第一期报告书

1930 年 1 月

胡步川

引言

金清港为温岭全县，及黄岩东乡之唯一出水口，与温黄两县农田水利关系至巨。旧有金清、玉洁二闸，本宋朱子六闸之遗迹。应时启闭，藉以蓄淡、御咸及排泄山洪之用，计至美善。惟年久失修，闸门渗漏，几失蓄淡御咸之效，益以沧桑变易，至二闸附近之上下游，港身高仰，内河直如釜底，咽喉闭塞，排洪不畅，水灾以成。其故以闸之所在，上游之泥沙，被山水挟之东下者，以此为终点。每日涨潮二次，洋海之逆流，带涂泥西上者，亦以此为终点。是以近闸港底，日积日高，形成拦港大堰。故有闸门，系旧式之横板，非待上下游水平，不能启闭。即当启闭之时，而启门之法，自上而下，闭门之法，自下而上，又易予停沙。且海滨涨涂，与时俱增。港身屈曲回环，故闸址离海，日远一日，即排洪入海，日难一日。天下事无一劳永逸，则闸址亦非千古不变。朱子六闸，或有存者，然已不可考。由推想之所及，琅岙闸以上，牧屿闸与新渎闸附近，必有其一，时琅岙尚在海中也。及后海涨，故有琅岙之设闸。既以该闸离海远，已失蓄淡御咸之效，故又有金清闸之设。而琅岙闸废，又后金清闸又失效力，故增设玉洁一闸，以救其弊。然与金清闸近在咫尺，可谓金清闸之分水闸，其新开河，直可谓金清闸之减河耳。且横断面积分配不佳，遂至水分流漫，流漫沙积。故此玉洁之设，虽仅四十余年，不但与金清同病，而且变本加厉矣。现由测量之结果，拟为治标、治本二种计划：

（一）治标计划：即疏浚金清、玉洁二闸附近上下游之淤泥，使金清港港底有一定之坡度，则咽喉既通，排洪自畅，水灾可免矣。然闸址离海既远，淤泥虽经疏浚仍堆积，故仅济目前之急，并非根本之图。

（二）治本计划：即建一新金清闸于拉萨汇颈，将该汇颈凿通，于旧港筑拦河堰，逼水入新港，过新闸，复入金清。又以改良闸门之制，使不渗漏，易于启闭，则蓄淡、御咸、排洪，各得其利矣。

第一章 新闸地址之讨论

在未经调查及测量之前，新闸地址之选择，约有四处：即泥涂汇、廿四弓口、柴岭及拉萨汇是也。兹分别言之。

（一）泥涂汇位下塘角之南，呈半圆形，如图 No.32，No.33 及 No.38。其颈之最窄处，有一千一百余公尺[1]，与拉萨汇颈较，约长三倍，而离拉萨汇建闸处，隔天申汇南端，仅六百公尺耳。故欲于泥涂汇建闸，必先凿通拉萨汇，复凿该汇颈一千一百余公尺而后可。故工费较多，而距海之路亦不近，故不经济。

（二）廿四弓，位金清港之南，水道颇直，共长 14 000 公尺，如图 No.113。其最深处河底高度为 95.086 公尺（假定寺前桥基点高度为 100 公尺），平均河底高度为 96 公尺，横断面最窄者 8 公尺，最宽者 14 公尺，平均宽为 10 公尺，如图 No.87 至 No.97。与金清港比较，相差太远（港最深底高 91.095 公尺，如图 No.112，平均宽 86 公尺，如图 No.50 至 No.86）。该河入海处，故有镇安、永康、永庆三小闸（如图 No.42、43、44、48 及 No.49）已破坏不堪，急须改建。然欲于该处筑闸，排金清港之水，必先浚深与阔而后可。无论土工及改建桥梁（共有桥二十余座）太多，即购地移村之费亦甚大。盖该河两岸，民居相望，土地肥沃故也。故廿四弓之开辟，为不可能，即廿四弓口建闸，欲排温岭全县之水，亦为不可能。惟以当地人民为蓄淡、排

1. 为了保持历史文献的真实性，本书继续沿用一些非法定计量单位，如公尺、英尺、亩、丈等。

洪及兴渔利计，已有闸工委员会之设，筹款兴修新永安闸，固无不可，然大港（指金清港）既有充分之排水量，则该闸实无足轻重也。

（三）柴岭位温岭县城正西，隔新岭，东距县城约十七里。其东二里，有温岭镇，南为万烟塘海峡，北为温岭县北乡平原。故县民有在此开渠建闸之议。曾作一次详细之调查，知温岭镇故有水渠，与北乡各渠通，颇深阔。镇之南端有大井，时值干旱，井水面与地面相差为 12 公尺。闻寻常水位，与地面相差仅二营造尺耳。且温岭栋（镇南一小岭）宽阔平坦，高出地平三十余公尺。计自该镇南端至江厦北端（万烟塘海峡北端）共长约四里半，则于此开渠排水，尚属可行。若柴岭谷中，山溪皆干涸，下游涓滴之水，皆东流至温岭镇，可知其地之高。及上岭察地质，皆属砾石带红土，其下则为岩层。谷窄而较陡，岭头高出地平均六十余公尺。若凿洞穿山尚可为，而开渠则工费极大，且其平面之长（自陈家宅南端，至何墺北端）亦有四里。故两者比较，自以开温岭镇为得。惟山南海峡两岸，皆淤为涂，中仅一衣带水，自何墺（江厦之西）至万烟塘（江厦之南）约十二里，皆如此。复南行七八里，出横屿，则港面稍宽。又十余里，至玉环境内达海，故排洪必不畅。惟闻县人以土法测水平，过柴岭，结果海水面高出内河水面四尺，恐不可靠耳。总之温岭镇开渠泄水，则费大而局面小，不过排北乡一部分之水耳。

（四）拉萨汇当牛子汇（汇颈已凿通）之东，天申汇之西，与泥涂汇相去仅 600 公尺，呈一葫芦形，汇颈之最窄处，仅 330 公尺。拟开新港建闸处，则有 375 公尺，如图 No.110 及 No.26。与泥涂汇颈比较，则仅当三分之一。故购地及开港工费，可省三分之二。而留泥汇一汇于闸外，作半圆形，以缓洪潮之冲，则于闸之稳固问题亦有关系。且牛子汇业已裁弯取直，复裁拉萨汇之弯，则金清港已无回环屈曲之病，排洪自易。旧有金清、玉洁二闸之上下游已动工疏浚，若此新金清闸筑成，旧闸即废去，以利行船，永无咽喉闭塞之弊。此新闸址，离海口既近，港底又深（最深处为 90.329 公尺），虽将来海涂日涨，闸址必移至西门口（在浪矶山与白山之间）无疑。然以历史之推测，在近百年内，当无淤泥阻水，俾西北两乡尽成泽国之病，可断定也。至于使温岭全县之田，旱潦有济，衔接温黄两县之交通，振兴商业，尤为无穷之利。若云此处港底太深，建闸之后使西北两乡不能蓄水，是又矛盾之论，杞人之忧也。故拉萨汇裁弯取直，建筑新闸于其上，较为妥善。

第二章 预备工程之所事

按照工程程序，先从调查测量着手，而后可为精密之计划估计，以便采料兴工。兹拟定预备工程之应作者，为以下各事：

（一）金清港流域形势平面图，缩尺二千五百分之一，为选择筑闸之所及整治该港之用 ……○

（二）金清港纵横断面图，缩尺如图 ……○

（三）廿四弓纵横断面图，缩尺如图 ……○

（四）拉萨汇新金清港闸址形势平面图，缩尺一千分之一 ……○

（五）金清港流域全图（包括温岭、黄岩二县），缩尺二万五千分之一 …▨

（六）温岭全县水道图，缩尺五千分之一 ……▨

（七）廿四弓口闸址形势平面图，缩尺一千分之一 ……◐

（八）娄江浦闸址形势平面图，缩尺一千分之一 ……○

（九）温岭镇及柴岭形势平面图，缩尺二千五百分之一 ……●

（十）考察潮水涨落情势，及山洪暴发时金清港水流形势 ……▨

（十一）量记雨量及其他一切有关系诸事 ……▨

（十二）调查各施工地点之地质 ……▨

（十三）调查山乡，择相当山谷筑水库。俾蓄暴雨时过多之水，并开渠引水，以灌溉山中乏水之田 ……▨

（十四）调查石料、木材及石灰等出产地，俾设法购运 ……▨

（十五）量记金清闸水位 ……▨

附注：以上所附记号：○为已竟全功者；◐为已竟功一半者；▨为陆续进行者；●为尚未动工者。

第三章 测量之成绩

（一）道线测量：以经纬仪测距，读二次；其方向以直接角法测之，读二次；均细读至二十秒。

（1）计自寺前桥基点起测，循金清港而东，至海口为一线，共长 1 486.497

公尺，如图 No.112。

（2）自海口南至廿四弓口，折西溯廿四弓而上，回至寺前桥基点为一线，共长 14 256.800 公尺，如图 No.113。

（3）自廿四弓口，循海滨南至娄江浦为一线，共长 8 710.5 公尺。

（二）水准测量：道线与水准相辅而行，测尺由水准仪细读至公厘止，沿道线每 500 公尺左右，择固定地方设基点。以寺前桥基点为原点，假定其高度为 100 公尺，其他基点之高则均由此点推得。兹将各线各重要基点之高列表于下：

（位置）		（高度）
B.M.$_{0}$	寺前桥北端	100.00 公尺
K.$_{5}$	浮桥西地平	99.025 公尺
B.M.$_{2}$	金清闸北端碑下	99.512 公尺
K.$_{8}$	金清闸顶	99.679 公尺
B.M.$_{3}$	玉洁闸南端闸顶	99.698 公尺
B.M.$_{4}$	王家浦闸西端石上	99.707 公尺
B.M.$_{9}$	拉萨汇口南岸碑脚	100.454 公尺
B.M.$_{10}$	拉萨汇小庙东北角石上	99.048 公尺
B.M.$_{11}$	泥涂汇闸上	100.548 公尺
B.M.$_{14}$	下塘角新云兴店石壁下	99.802 公尺
B.M.$_{18}$	上明闸对面南岸坎下坟上	99.782 公尺
B.M.$_{20}$	四湾闸下海口北堤斗门上	98.758 公尺
B.M.$_{21}$	镇安闸上	98.828 公尺
K.$_{75}$	冯家大门	98.856 公尺
B.M.$_{31}$	坦桥头老桥上	99.714 公尺
B.M.$_{35}$	陀家代桥东南角	99.268 公尺
K.$_{68}$	关帝庙西墙下	98.547 公尺
B.M.$_{P}$	娄江浦新闸址大堤内小桥上	99.777 公尺

（三）地形测量：以经纬仪及水准仪所测之道线为基础，以大平板仪施测；每点之距离高度，皆以远镜测高距法测之。其重要测图，如新金清闸址、娄江浦闸址、新永安闸址等形势平面图，则以大经纬仪用记点法则测之。其缩尺之

大小，视施测之目的而异。

（1）金清港流域地形图，为整治该港及选择新闸址之用，缩尺 1/2 500，面积 85 260 000 平方公尺，共有图面四十九幅，自 No.1 至 No.49。另有接合表，以为各图面接合之用，以大平板仪测之。此图业已缩成一大幅，俾便观察。

（2）新金清闸址形势平面图，为计划拉萨汇裁弯取直及设计新闸之用，缩尺 1/1 000，面积 2 700 000 平方公尺，如图 No.110，共一张，以经纬仪测之。

（3）娄江浦闸址形势平面图，为计划娄江浦闸之用，缩尺 1/1 000，面积 870 000 平方公尺，如图 No.111，共一张，以经纬仪测之。

（4）新永安闸址形势平面图，为计划新永安闸及裁弯取直之用，缩尺 1/1 000，面积 3 640 000 平方公尺，以经纬仪测之，制图之工，尚未告竣。

（四）横断面测量：以经纬仪测横断面两岸之高度及距离；以测深竿及测绳重锤测水面下河底之高度及距离，为制金清港及廿四弓等处纵断面图及观察各河河岸情势之用，缩尺如图所示。

（1）金清港每隔 500 公尺，测横断面一个，共测三十七个断面，如图 No.50 至 No.86。

（2）廿四弓每隔 800 公尺，测横断面一个，共测二十一个断面，如图 No.87 至 No.97。

（3）金清闸减河自浮桥至玉洁闸一段，每隔 100 公尺，测横断面一个，共测九个断面，如图 No.98 至 No.102。

（4）永康闸内河，共测横断面八个，如图 No.103 至 No.106。

（5）永丰闸内河，共测横断面六个，如图 No.107 至 No.109。

第四章 新计划之大概

（甲）治标计划：近十余年来，台州一隅水灾特重，而温岭县为尤甚。盖全县为海涂涨地，故甚平坦，所有河流，皆齐集于金清港而出海。海涂日涨，港湾日曲，已觉排水不易。而金清、玉洁二闸之所在，涨沙累累，闸底已高出内河二公尺余，涨沙延长至二千公尺之多。益以闸门系旧制之横板，闭启不易。以至连雨三日，平地即水深数尺，每年损失甚巨。欲为根本之图，当另筑一大规模之闸于离海较近处之拉萨汇，并以新式筑法，而改良闸门之制。为兹事体大，非经数年之久不为功，则为目前救急计，治标之策尚焉。所谓治标者，即疏浚金清、玉洁二闸之附近上下游，使咽喉畅通是也。兹分两部言之：

（1）寺前桥至金清闸一段，自道线点 K_1 至 K_8，平均长 1 092 公尺，共测横断面五个，如图 No.50 至 No.54。照金清全港比降 1/5 500 计，共须浚去土方 63 358.51 立方公尺，如图 No.114。

（2）浮桥至玉洁闸一段，平均长 1 800 公尺，共测横断面九个，如图 No.98 至 No.102。照 1/5 500 之比降，共须浚去土方 108 642.235 立方公尺，如图 No.115。

此种土方，当寻常水满时，则人工不易为力，均须用挖泥机捞之。惟今年奇旱，港水干涸，两岸高涂，多龟裂，故多雇人工挖土，较为敏疾。且值凶岁，小民嗷嗷待哺，亦可收以工代赈之效。至港身嫩涂及有水处，仍以挖泥机挖之。若此工程告竣，则近三五年内，当减少水灾，即新金清闸筑成，旧闸废去，亦必须此项工程也。

（乙）治本计划：治本之图，本宜有多年之预备工程，如金清港流域之精密测量也、历年之雨量记载也、各河之流量及水位记载也、大港之高低潮位记载及潮流与含沙情形也，均为计划之张本。惟此间向无此种预备工程，若待其成而后计划，则缓不济急，无已惟有因陋就简。假邻近之记载，以为借镜，亦属无法中之法耳。

（一）金清港全流域之面积：假浙江陆军测量局二万五千分之一测图，划为分水岭线，而计金清港流域之全面积如下表：

（地域）	（面积）
潘郎区	103 500 000 平方公尺
新河区（镇东街区附）	103 500 000 平方公尺
横街区（洪家场区附）	69 000 000 平方公尺
泽国区（路桥区附）	57 500 000 平方公尺
温岭县区（横山附）	83 500 000 平方公尺
桥下街区（大闾区及松门区附）	51 750 000 平方公尺
院桥区	14 400 000 平方公尺
大溪区	67 700 000 平方公尺
总计 550 850 000 平方公尺	

（二）金清港流域之雨量：此流域之雨量，向无记载，兹徐家汇天文台长劳积勋报告书中（Louis Froc S. T.，*La pluie en Chine*：*durant une période de onze années*，*1900—1910*），得宁波一日计最大雨量为 1 270 mm（19，8，1910），及温州一日计最大雨量为 1 440 mm（19，8，1910）。而温岭适介宁波温州之间，故得平均值 1 355 mm，合 0.135 5 公尺之雨量，使与全流域之面积相乘，则得一日中最大雨量，为 74 640 175 立方公尺。复由哈根 Hagen 氏谓：天空降落之水之三分之一为蒸发，三分之一为渗漉，又三分之一则径流入江河，故此流域之一日中最大雨量，流入金清港出海者，仅 24 880 058 立方公尺耳。

（三）拉萨汇裁弯取直之新港计划摘要：本上节，此流域一日内最大雨量数，计新港之横断面积如下：（甲）面顶宽 73 公尺；（乙）面底宽 56.6 公尺；（丙）两岸坡度 1:2；（丁）水力半径（Hydraulic radius）4.5 公尺；（戊）横断面积为 291.6 平方公尺。复由金清港之情形，定其倾斜度（Slope）为 1/5 500，其粗率（Coefficient of roughness）为 0.25。则由哈得氏公式（Kutter' s Formula），得流速系数 C 为 8 964，即得流速 V 为每秒钟 2.470 478 4 公尺，流量每秒钟 720.543 6 立方公尺，合每分钟 43 232.616 立方公尺，合每点钟 2 593 956.96 立方公尺，合每天 62 254 967.04 立方公尺。除每天二次涨潮退潮，不能排水四点钟，须减去 10 375 827.84 立方公尺外，尚有 51 879 139.20 立方公尺之排水量，则此新港每日排出全流域之水，绰有余裕。

此新港平均长为 460 公尺，共占地 41 400 平方公尺，合 10.48 英亩（Acres），合 68.12 亩，共挖土 189 750 立方公尺，合 159 320 窟；如图 No.120 及 No.110。

（四）新金清闸计划摘要：此新闸拟建于新开河之东端，闸顶面高度，以高潮位为准，定为 100 公尺；闸底面高度，以全港比降为准，定为 94 公尺。共长 83.6 公尺，分十八孔十七墩。两端建翼墙，墩上铺石梁三道，以为启闭闸门之用，如图 No.116。其各部计划，分述如下：

（子）闸基：基长 104 公尺，宽即渗透长（Length of percolation），以四倍水头计为 18 公尺，用 19 公尺；其受力处，用木桩六行，横距一公尺；闸墩及翼墙之下，则密打木桩，纵横距各一公尺；由闸底面挖土深一公尺，每逢闸墩之下，则增深二公寸；与闸墩正交，挖隔断墙（Cutoff wall）沟二道，深二公尺，阔五公寸；以上二项分填 1:3:6 及 1:2½:5 之混凝土（Concrete），至高度 93.5 公尺为止；其上则铺条石，用 1:3 胶灰（Mortor）合缝，共厚五公尺，下水增加碎石仓（以条石及石板为仓，中实碎石，故名）阔 6.10 公尺，上水增加碎石仓阔 2.05 公尺，共宽 28.1 公尺，如图 No.117。复于上下水之碎石仓外，各抛较大石块约宽 3 公尺以压之。

（丑）翼墙：墙以条石砌成，以胶灰合缝，如图 No.118 及 No.119；筑于闸之两端，呈“L”形；基址筑法如闸底，墙脚宽 1.82 公尺，向两端收窄，至 1.1 公尺；墙顶宽 5 公寸，其高度为 100 公尺，向两端渐低，至高度 97 公尺。迎水之面垂直，其背面呈斜坡形，分四级上升；墙内与两岸切近之空隙，填以碎石及胶土，上铺石板，以便行人。

（寅）闸墩：墩头宽 1.1 公尺，墩身宽 1 公尺，长 9.8 公尺，高 6 公尺，两端作梭形，以条石实砌，以胶灰合缝；每墩两面做四槽，为上下闸板之用；其中心，做一方孔，以置辐形闸门（Radial gate）铁轴之用，如图 No.118 及 No.119。

（卯）桥板：铺于闸墩及翼墙之上，为启闭闸门及行人之用。其迎水一道，宽 1.5 公尺，厚 3 公寸，共长 84.6 公尺，以长条石为之；其下用木梁二根支持之，桥上置起重机，备铁栏杆于一旁，以便行走；其迎潮一道，分为二条，每条宽 7.5 公寸，厚 3 公寸，长 84.6 公尺，为启闭闸板之用；备铁栏杆于一旁，以便行走，如图 No.118 及 No.119。

（辰）闸门：旧式闸门，系用横板，其大弊有四：（1）每启闭一次，须待闸外潮位与闸内水位相平，而后可用力。故每日二十四小时中，仅四小时之机会。是以每逢山洪暴发，尚非启闸板之时，则水流无路，水灾以成；若闭闸之时，则适与之相反。如今年大水之后，天久不雨，河中无水可车，全县旱荒，虽虫灾等因颇多，然强半由于闭闸之时，以潮位未平，延长时间，致排水过多之故。（2）即适逢其会，得以按时启闭，然每次启一根闸板，或闭一根闸板，须费时至三分钟之久。每一闸孔闸板之数，多至四十余根，故每潮平一次，尚不能启完一孔。（3）即增加闸夫人数，使一齐动手。然启时自上而下，闭时自下而上，所有山洪挟带之泥沙，以比重较大故均停于闸内，无怪乎闸内日积月高，港底直如拦河大堰也。（4）闸板之数既多，漏水之缝亦随之俱多，潮涨则咸潮内灌，倒流甚大；潮落则淡水外漏，量亦如之。故所谓蓄淡、御咸、排洪者久已失其效用矣。是以改良闸门制，实为急务。考欧美成法，此制甚多，若采用平铁板也，则水压力既大，起重机之力亦大。如仿华北水利委员会苏庄泄水闸办法，则用费多矣。兹以本地木材尚多，为就地取材及省费计，故择用木板法于迎水之面，用辐形木闸门，藉圆面分力之旨，使水压力减轻，易于启闭；迎潮之面，用横闸板制，专为御咸之用；若测知山洪将至也，则于潮落之时（每日夜无潮之时有二十小时之多），先启横板，而后应时启辐形闸门；若闭闸之时，则反之，故尤易。是以以上四弊均可免去。门高 5 公尺，宽 3.7 公尺，最高水位，为 98.5 公尺，即自闸底至水面，共高 4.5 公尺；门之下方中心，有铁锁，上达桥板，使绕于起重机之轴，机藉二次轮轴节力之旨，用二人手摇即能启闭，如图 No.119。

第五章 工费之预算

（一）工费单位　兹估计治标治本各项工费之始，先列工费单位，以便醒目：

（工料种类）	（单位）	（银数）
挖土及运费（深三尺以内）	每窟	0.08
挖土及运费（深三尺以外）	每窟	0.08 至 0.10
购地费（指拉萨汇颈言）	每亩	20.00 至 30.00
条石（指磐石等言）	每丈	1.10
兔头桥板及阡板（即石板）	每丈	1.10
石桥板（1.2’×1’×17’）	每根	12.00
碎石（大小不等，连运费）	每立方码	1.00
闸栏、闸门料及闸板（运费在外）	每 ft.B.M.	0.08
木桩（径 1’长 20’, 18’及 16’）	平均每根	2.00
蜊灰	每石	0.40
水泥（连运费）	每桶	8.00
沙	每立方码	0.50
碎石（敲细为混凝土之用）	每立方码	1.80
黄泥	每船	3.00
1:2 ½:5 混凝土	每立方码	12.00
1:3:6 混凝土	每立方码	10.50

（二）治标工费：疏浚工程用挖泥机及工人两种办法，除挖泥机开支外，每公方给工价一角。

（1）自浮桥至玉洁闸一段计银 10 864.223 5 元。

（2）自寺前桥至金清闸一段计银 6 335.851 元。

（三）治本工费：照工别、料别、杂别，列表如下：

第一表：

料别 \ 类别	料　名	料　数	银　数
购 地	裁弯取直地亩	63.12 亩	1 362.00
挖 土	新港土方	159 320.00 窟	12 745.60
寅石料	闸底铺磐石 闸墩砌磐石 翼墙砌磐石 碎石仓及铺路石板 粗碎石 石板桥	3 344.20 丈 3 689.00 丈 1 104.20 丈 200.00 丈 720.00 立方码 180.00 根	3 678.62 4 057.90 1 214.62 220.00 720.00 2 160.00
木 料	闸槛 闸板 闸门料 木桩 桥梁	4 800.00ft.B.M. 35 725.00ft.B.M. 47 520.00ft.B.M. 912 根 9 600.00ft.B.M.	384.00 2 858.00 3 801.60 1 824.00 768.00
乳胶料	蜊灰 1:2½:5 混凝土 1:3:6 混凝土 黄泥	5 190.00 石 164.00 立方码 254 465 立方码 10 000 船	2 076.00 1 968.00 26 718.72 300
共 计			66 857.06

第二表：

工别＼类别	工　名	工　价	银　数
石　工	做石 90 515.66 立方尺 置石 90 515.66 立方尺 总计	每立方尺以银 0.124 计 每立方尺以银 0.025 计 每立方尺以银 0.149 计	13 486.833
运石工	运石 8 138 丈 运石 3 109 立方尺 总计	每船以一元计可装七丈 每船以一元计可装七十三立方尺 须装 1 205 船	1 205.000
粗　工	整理闸址 4 000 工	每工以银 0.33 计	1 320.000
木　工	做辐形闸门及闸板 9 000 工	每工以银 0.40 计	3 600.000
土　工	筑栏港坝一道	约计	4 000.000
共　计			23 611.833

第三表：

杂别＼类别	工　名	工　价	银　数
起重机	十八架	每架约 50.0 元	900.00
汲水机	五架	每架约 172 元	860.00
铁栏杆	两行	每行约 300 元	600.00
共　计			2 360.00

全工程费共计……………………………………92 828.893 元

工程管理以全工程费百分之五计……………………4 641.445 元

意外费以全工程费百分之十计………………………9 282.889 元

总共计银…………………………………………106 753.227 元

第六章 动土步骤

第一步：先挖闸窟，整理闸址，填闸底混凝土及铺条石；而后砌翼墙，筑闸墩，铺桥板，置闸门等。

第二步：开裁弯取直处之新港，而留两端与旧港相接处之土方，以挡港水，而利工作。

第三步：开通新港，使港水经新港，穿闸门而东下；同时以新港所起之土方，填塞与新港上端相邻处之旧港，复于其土坝面堆石，以防涨水时之冲刷。

附录

温岭一县，土地肥美，农产丰富，实为旧台属各县冠。徒以水利失修，致西北中三区膏腴之田，频遭水害。益以东南等乡，为受洪潮之劫后，建筑滨海一带高塘，而不设出水之口，则向之围塘为田。各自出水者，近则排水无路，尽成荒草之区。荒地既广，农产自逊，民力凋敝，流为盗匪。而此种荒地，当夏秋之交，丰草变为长林，一望无际，又为土匪出没之所。是以全县水匪交灾，几无宁日，而邻县及台州洋面亦波及其殃。

本年八月间，涨水甚大，本处兴工，掘开高塘三阙，余水历一周始退完。较之历年水祸蔓延，至数十日不退者，已有进步。然掘塘放水，不但临事周章，迫于奔命，而一开一筑，所费亦甚巨。故金清港治标治本之举，于邑计民生，急不容缓。

浙省当局及温岭县官民有鉴于此，筹设温岭水利工程处，俾通盘计划，兴利防灾，意至美也。时予任华北水利委员会职，以省局之招，即允为舍彼而就此，实以予系台人一分子。对于台属水害，皆身经历，而亲受其苦者，一向颇有研究，以年来奔走他乡，未偿夙愿。今逢其会，故此心欣然乐。

本年三月稍，由省来县，会同王致敬县长，组织温岭水利工程处。并议定事务一方，由王县长兼任负责；工程一方，则予负责。随即赴沪，采购测量仪器，定购挖泥机船，并聘请工程人员。四月中旬一同返县。即于二十日成立该工程处。二十二日测量队开始赴新河，事金清港流域平面，及该港与廿四弓河纵横断面等测量。缘队中人少事多，而海滨又多雨及匪，恐有意外阻碍，故决定星期日及暑假均不休息。

现紧要部分测量等工已告一结束，各项工程之计划、工费之估计及工事进行之步骤，亦皆稍稍就绪。而疏浚工程业已实施，期收工赈之效。所有襄助测绘督工之事者，蔡绍仲陈巨潢二君，皆勤劳卓著，所深感也。

中华民国十八年十一月日

浙江省水利局工程师胡步川自跋

浙江省水利局温岭水利工程处第一期报告书（扫描件）[1]

1930 年 1 月

胡步川

1. 原件由胡晓腾提供。

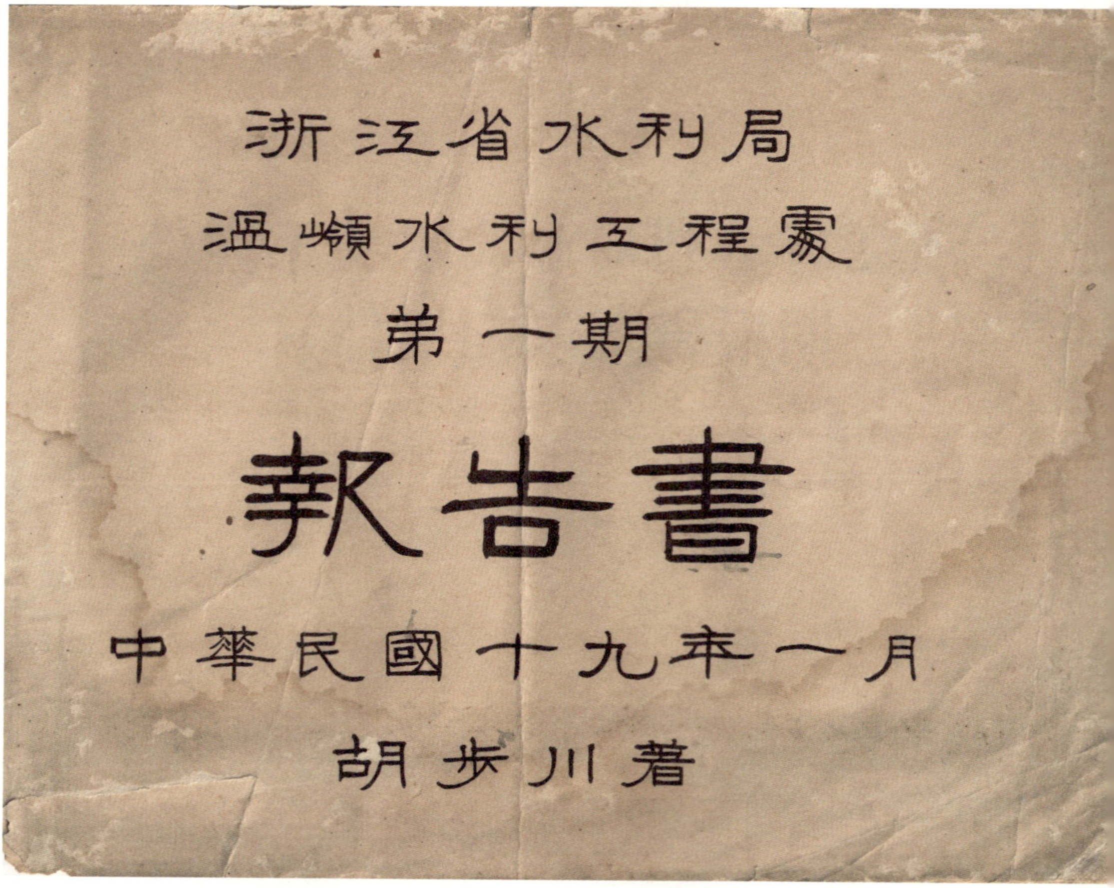

浙江省水利局

溫甌水利工程處

第一期

報告書

中華民國十九年一月

胡步川著

溫嶺縣水利工程處挖泥機工作時攝影

溫嶺縣水利工程處建築環嚮橋落成攝影

溫嶺縣水利工程處泰兒埭橋建築時攝影

引　言

金清港爲溫嶺全縣,及黃岩東鄉之惟一出水口,與溫黃兩縣農田水利,關係至鉅,舊有金清玉潔二閘,本宋朱子六閘之遺迹,應時啓閉;藉以蓄淡,禦鹹,及排洩山洪之用;計至美善。惟年久失修,閘門滲漏,幾失蓄淡禦鹹之効,益以滄桑變易,至二閘附近之上下游,港身高仰,內河直如釜底,咽喉閉塞,排洪不暢,水災以成。其故以閘之所在,上游之泥沙,被山水挾之東下者,以此爲終點;每日漲潮二次,洋海之逆流,帶塗泥西上者,亦以此爲終點。是以近閘港底,日積日高,形成攔港大堰;故有閘門,係舊式之橫板,非待上下游水平,不能啓閉;卽當啓閉之時,而啓門之法,自上而下,閉門之法,自下而上,又易於停沙;且海濱漲塗,與時俱增;港身屈曲迴環;故閘址離海,日遠一日,卽排洪入海,日難一日;天下事無一勞永逸,則閘址亦非千古不變。朱子六閘,或有存者,然已不可考;由推想之所及,琅𡗝閘以上,牧嶼閘與新瀆閘附近,必有其一,時琅𡗝尙在海中也。及後海漲,故有琅𡗝之設閘;旣以該閘離海遠,已失蓄淡禦鹹之効,故又有金清閘之設,而琅𡗝閘廢,又後金清閘又失効力,故增設玉潔一閘,以救其弊;然與金清閘近在咫尺,直可謂金清閘之分水閘,其新開河,直可謂金清閘之減河耳,且橫斷面積分配不佳,

遂至水分流漫,流漫沙積,故此玉潔之設,雖僅四十餘年,不但與金清同病,而且變本加厲矣。現由測量之結果,擬爲治標,治本,二種計劃:

(一)治標計劃:卽疏濬金清,玉潔,二閘附近上下游之淤泥;使金清港港底,有一定之坡度,則咽喉既通,排洪自暢,水災可免矣。然閘址離海旣遠,淤泥雖經疏濬,久仍堆積,故僅濟目前之急,並非根本之圖。

(二)治本計劃:卽建一新金清閘於拉薩匯頸,將該匯頸鑿通,于舊港築攔河堰,逼水入新港,過新閘,復入金清;又以改良閘門之制,使不滲漏,易於啓閉,則蓄淡,禦鹹,排洪,各得其利矣。

第一章　新閘地址之討論

在未經調查及測量之前,新閘地址之選擇,約有四處:卽泥塗匯,廿四弓口,柴嶺,及拉薩匯是也;玆分別言之。

(一)泥塗匯位下塘角之南,呈半圓形,如圖 No. 32, No. 33,及 No. 38。其頸之最窄處,有一千一百餘公尺,與拉薩匯頸較,約長三倍,而離拉薩匯建閘處,隔天申匯南端,僅六百公尺耳。故欲於泥塗匯建閘,必先鑿通拉薩匯,復鑿該匯頸一千一百公尺而后可。故工費較多,而距海之路亦不近,故不經濟。

(二)廿四弓,位金清港之南,水道頗直,共長14000公尺,如圖No.113;其最深處河底高度爲95,086公尺;(假定寺前橋基點高度爲100公尺)平均河底高度爲96公尺;橫斷面最窄者8公尺,最寬者14公尺,平均寬爲10公尺,如圖No.87,至No.97。與金清港比較,相差太遠。(港最深底高度91.095公尺如圖No.112)(平均寬86公尺,如圖No.50至No.86,)該河入海處,故有鎮安,永康,永豐,三小閘,(如圖No.42,43,44,48,及No.49)已破壞不堪,急須改建;然欲於該處築閘,排金清港之水,必先濬深與闊而后可。無論土工及改建橋樑(共有橋二十餘座)太多,即購地移村之費,亦甚大。蓋該河兩岸,民居相望,土地肥沃故也。故廿四弓之開闢,爲不可能,卽廿四弓口建閘,欲排溫嶺全縣之水,亦爲不可能。惟以當地人民,爲蓄淡,排洪,及興魚利計,已有閘工委員會之設,籌欵與修新永安閘,固無不可;然大港(指金清港)既有充分之排水量,則該閘實無足重輕也。

(三)柴嶺位溫嶺縣城正西,隔新嶺,東距縣城,約十七里。其東二里,有溫嶺鎮,南爲萬烱塘海峽,北爲溫嶺縣北鄉平原;故縣民有在此開渠建閘之議,曾作一次詳細之調查:知溫嶺鎮,故有水渠,與北鄉各渠通,頗深闊;鎮之南端,有大井,時値乾旱,井水面與地面相差爲12公尺;聞尋常水位,與地面相差,僅二營造尺耳。且溫嶺棟(鎮南一小嶺)寬闊平坦,高出地平三十餘公尺,計自該鎮南端,至

江廈北端,(萬烱塘海峽北端)共長約四里半,則于此開渠排水,尙屬可行,若柴嶺谷中,山溪皆乾涸,下游涓滴之水,皆東流至溫嶺鎮,可知其地之高;及上嶺察地質,皆屬礫石帶紅土,其下則爲岩層;谷窄而較陡,嶺頭高出地平約六十餘公尺;若鑿洞穿山,尙可爲。而開渠,則工費極大,且其平面之長,(自陳家宅南端,至何墺北端。)亦有四里。故兩者比較,自以開溫嶺鎮爲得。惟山南海峽兩岸,皆汙爲塗,中僅一衣帶水,自何墺(江廈之西)至萬烱塘,(江廈之南)約十二里,皆如此;復南行七八里,出橫嶼,則港面稍寬;又十餘里,至玉環境內達海,故排洪必不暢。惟聞縣人以土法測水平,過柴嶺,結果海水面高出內河水面四尺,恐不可靠耳。總之溫嶺鎮開渠洩水,則費大而局面小,不過排北鄉一部分之水耳。

(四)拉薩匯當牛子匯(匯頸已鑿通)之東,天申匯之西,與泥塗匯相去僅600公尺,呈一葫蘆形,匯頸之最窄處;僅330公尺;擬開新港建閘處,則有375公尺,如圖No.110及No.26與泥塗匯頸比較,則僅當三分之一。故購地及開港工費,可省三分之二,而留泥匯一匯於閘外,作半圓形,以緩洪潮之衝,則於閘之穩固問題,亦有關係;且牛子匯業已裁灣取直,復裁拉薩匯之灣,則金清港已無迴環屈曲之病,排洪自易;舊有金清玉潔二閘之上下游,已動工疏濬,若此新金清閘築成,舊閘卽廢去,以利行船,永無咽喉蔽塞之弊;此新閘址,離海口既近,港底又深,(

最深處爲90.329公尺）雖將來海塗日漲，閘址必移至西門口（在浪磯山與白山之間）無疑，然以歷史之推測，在近百年內，當無淤泥阻水，俾西北兩鄉盡成澤國之病，可斷定也。至於使溫嶺全縣之田，旱潦有濟，卿接溫黃兩縣之交通，振興商業，尤爲無窮之利。若云此處港底太深，建閘之後，使西北兩鄉不能蓄水，是又矛盾之論，杞人之憂也。故拉薩匯裁灣取直，建築新金清閘於其上，較爲妥善。

第二章　預備工程之所事

案照工程程序，先從調查測量着手，而后可爲精密之計畫估計，以便採料興工。茲擬定預備工程之應作者，爲以下各事：

（一）金清港流域形勢平面圖，縮尺二千五百分之一，爲選擇築閘之所，及整治該港之用。……○

（二）金清港縱橫斷面圖，縮尺如圖。……○

（三）廿四弓縱橫斷面圖，縮尺如圖。……○

（四）拉薩匯新金清閘址形勢平面圖，縮尺一千分之一。……○

（五）金清港流域全圖，（包括溫嶺黃岩二縣）縮尺二萬五千分之一。……◍

（六）溫嶺全縣水道圖，縮尺五千分之一。……◍

（七）廿四弓口閘址形勢平面圖，縮尺一千分之一。……◒

（八）婁江浦閘址形勢平面圖，縮尺一千分之一。……○

（九）溫嶺鎮及箬嶺形勢平面圖，縮尺二千五百分之一。……●

（十）考察潮水漲落情形，及山洪暴發時金清港水流情形。……◍

（十一）量記雨量，及其他一切有關係諸事。……◍

（十二）調查各施工地點之地質。……◍

（十三）調查山鄉，擇相當山谷，築水庫，俾蓄暴雨時過多之水，并開渠引水，以灌溉山中乏水之田。……◍

（十四）調查石料，木材，及石灰等出產地，俾設法購運。……◍

（十五）量記金清港水位。……◍

附註：以上所附記號。○爲已竟全功者，◒爲已竟功一半者，◍爲陸續進行者，●爲尚未動工者。

第三章　測量之成績

（一）道線測量：以經緯儀測距，讀二次；其方向以直接角法測之，讀二次；均細讀至二十秒。

（1）計自寺前橋基點起測，循金清港而東，至海口，爲一線，共長1486,497公尺，如圖No. 112。

（2）自海口，南至卄四弓口，折西，測卄四弓而上，迴至寺前橋基點，爲一線，共長14256.800公尺，如圖No.113。

（3）自卄四弓口，循海濱，南至婁江浦，爲一線，共長8710.5公尺。

（二）水準測量：道線與水準相輔而行，測尺由水準儀細讀至公釐止；沿道線，每500公尺左右，擇固定地方，設基點，以寺前橋基點爲原點，假定其高度爲100公尺，其他基點之高，則均由此點推得。茲將各線各重要基點之高列表於下：

（位置）		（高度）	
$B.M._0$	寺前橋北端	100.000	公尺
$K._5$	浮橋西地平	99.025	”
$B.M._2$	金清閘北端碑下	99.512	”
$K._8$	金清閘頂	99.679	”
$B.M._3$	玉潔閘南端閘頂	99.698	”
$B.M._4$	王家浦閘西端石上	99.707	”
$B.M._9$	拉薩匯口南岸碑脚	100.454	”

$B.M._{10}$	拉薩匯小廟東北角石上	99.048	公尺
$B.M._{11}$	泥塗匯閘上	100.548	”
$B.M._{14}$	下塘角新雲興店石壁下	99.802	”
$B.M._{18}$	上明閘對面南岸坎下坟上	99.782	”
$B.M._{20}$	四灣閘下海口北堤斗門上	98.758	”
$B.M._{21}$	鎭安閘上	98.828	”
$K._{75}$	馮家大門	98.856	”
$B.M._{31}$	坦橋頭老橋上	99.714	”
$B.M._{35}$	陀家代橋東南角	99.268	”
$K._{68}$	關帝廟西牆下	98.547	”
$B.M._p$	婁江浦新閘址大陞內小橋上	99.777	”

（三）地形測量：以經緯儀及水準儀所測之道線爲基礎，以大平板儀施測；每點之距離高度，皆以遠鏡測高距法測之。其重要測圖，如新金清閘址，婁江浦閘址，新永安閘址等形勢平面圖，則以大經緯儀用記點法測之。其縮尺之大小，視施測之目的而異。

(1)金清港流域地形圖，爲整治該港及選擇新閘址之用，縮尺 $\frac{1}{2500}$ 面積85，

260,000平方公尺,共有圖面四十九幅,自No.1至No.49,另有接合表,以爲各圖面接合之用,以大平板儀測之;此圖業已縮成一大幅,俾便觀察。

(2)新金閘址形勢平面圖,爲計畫拉薩匯裁灣取直,及設計新閘之用,縮尺1/1000面積2,700,000平方公尺,如圖No.110,共一張,以經緯儀測之。

(3)婁江浦閘址形勢平面圖,爲計畫婁江浦閘之用,縮尺1/1000,面積870,000平方公尺,如圖No.111,共一張,以經緯儀測之。

(4)新永安閘址形勢平面圖,爲計畫新永安閘及裁灣取直之用,縮尺1/1000,面積3,640,000平方公尺,以經緯儀測之,製圖之工,尙未告竣。

(四)横斷面測量: 以經緯儀測横斷面兩岸之高度,及距離;以測深竿及測繩重錘測水面下河底之高度及距離,爲製金清港及廿四弓等處縱斷面圖,及觀察各河河岸情形之用,縮尺如圖所示。

(1)金清港每隔500公尺,測横斷面一個,共測三十六個斷面,如圖No.50至No.86。

(2)廿四弓每隔800公尺,測横斷面一個,共測二十一個斷面,如圖No.87至No.97

(3)金清閘減河自浮橋至玉潔閘一段,每隔100公尺,測横斷面一個,共測九

個斷面,如圖No.98至No.102。

(4)永康閘內河,共測横斷面八個,如圖No.103至No.106。

(5)永豐閘內河,共測横斷面六個,如圖No.107至No.109。

第四章 新計劃之大概

(甲)治標計畫: 近十餘年來,台州一隅,水災特重,而溫嶺縣爲尤甚;蓋全縣爲海塗漲地,故甚平坦,所有河流,皆齊集於金清港而出海;海塗日漲,港灣日曲,已覺排水不易;而金清玉潔二閘之所在,漲沙累累,閘底已高出內河二公尺餘,漲沙延長至二千公尺之多;益以閘門係舊制之横板,啓閉不易;以至連雨三日,平地卽水深數尺,每年損失甚巨;欲爲根本之圖,當另築一大規模之閘於離海較近處之拉薩匯;并以新式築法,而改良閘門之制;惟茲事體大,非經數年之久不爲功,則爲目前救急計,治標之策尙焉。所謂治標者,卽疏濬金清玉潔二閘之附近上下游,使咽喉暢通是也。茲分兩部言之:

(1)寺前橋至金清閘一段,自道線點K_1至K_8,平均長1092公尺,共測横斷面五個,如圖No.50至No.54。照金清全港比降1/5500計,共須濬去土方63358.51立方公尺,如圖No.114。

(2)浮橋至玉潔閘一段,平均長1800公尺,共測横斷面九個,如圖No. 98至No. 102。照 1/5500之比降,共須濬去土方108642.235立方公尺,如圖No.115。

此種土方,當尋常水滿時,則人工不易爲力,均須用挖泥機撈之;惟今年奇旱,港水乾涸,兩岸高塗,多龜裂;故多雇人工挖土,較爲敏疾;且值兇歲,小民嗷嗷待哺,亦可收以工代賑之効;至港身嫩塗及有水處,仍以挖泥機挖之;若此工程告竣,則近三五年內,當減少水災,即新金清閘築成,舊閘廢去,亦必須此項工程也。

(乙)治本計畫: 治本之圖,本宜有多年之預備工程,如金清港流域之精密測量也;歷年之雨量記載也;各河之流量測量及水位記載也;大港之高低潮位記載,及潮溜與含沙情形也;均爲計畫之張本,惟此間向無此種預備工程,若待其成而後計畫,則緩不濟急,無已惟有因陋就簡,假鄰近之記載,以爲借鏡,亦屬無法中之法耳。

(一)金清港全流域之面積: 假浙江陸軍測量局二萬五千分一測圖,劃爲分水嶺線,而計金清港流域之全面積如下表:

(地域)	(面積)
潘郎區	103,500,000平方公尺
新河區(鎮東街區附)	103,500,000 „ „ „ „

(地域)	(面積)
横街區(洪家場區附)	69,000,000 „ „ „ „
澤國區(路橋區附)	57,500,000 „ „ „ „
温嶺縣區(横山附)	83,500,000 „ „ „ „
橋下街區(大閭區及松門區附)	51,750,000 „ „ „ „
院橋區	14,400,000 „ „ „ „
大溪區	67,700,000 „ „ „ „
總計	550,850,000平方公尺

(二)金清港流域之雨量: 此流域之雨量,向無記載,茲由徐家匯天文台長佛爾克報告書中,(Louis Forc S., T., La Plnie en Cnina durant une periode de orzannies 1900-1910)得寧波一日計最大雨量爲127, 0 mm.(19, 8, 1910),及温州一日計最大雨量爲144, 0 mm. (19, 8, 1910),而温嶺適介寧波温州之間,故得平均値爲135,5mm,合0, 1355公尺之雨量;使與全流域之面積相乘,則得一日中最大雨量,爲74,640,175立方公尺;復由哈根Hagen氏謂:天空降落之水之三分之一爲蒸發,三分之一爲滲濾,又三分之一則逕流入江河,故此流域之一日中最大雨量,流入金清港出海者,僅24,880,058.3立方公尺耳。

(三)拉薩匯裁灣取直之新港計畫摘要: 本上節,此流域一日內最大雨量數,計新港之橫斷面積如下:(甲)面頂寬73公尺,(乙)面底寬56.6公尺,(丙)兩岸坡度1: 2,(丁)水幕半逕(Hydraulicradius)4.5公尺,(戊)橫斷面積爲291.6平方公尺。復由金清港之情形,定其傾斜度(Slope)爲1/5500,其粗率(Coefficient of roughness)爲.025,則由哈得(Kutter's Formula)氏公式,得流速係數C爲89, 64,即得流速V爲每秒鐘2.4704784公尺,流量爲每秒鐘720.5436立方公尺,合每分鐘43,232.616立方公尺,合每點鐘2,593,956.96立方公尺,合每天62,254,967.04立方公尺;除每天二次漲潮退潮,不能排水四點鐘,須減去10,375,827.84立方公尺外,尚有51,879,139.20立方公尺之排水量,則此新港每日排出全流域之水,綽有餘裕。

此新港平均長爲460公尺,共占地41,400平方公尺,合10.48英畝(acres),合68.12畝;共挖土189,750立方公尺,合159,320窟;如圖No. 120,及No.110。

(四)新金清閘計畫摘要: 此新閘擬建於新開河之東端;閘頂面高度,以高潮位爲准,定爲100公尺;閘底面高度,以全港比降爲准,定爲94公尺,共長83.6公尺,分十八孔,十七墩,兩端建翼牆,墩上鋪石樑三道,以爲啓閉閘門之用;如圖No.
116。其各部計畫,分述於下:

(子)閘基: 基長104公尺;寬即滲透長,(length of percolation)以四倍水頭計,

爲18公尺,用19公尺;其受力處,用木樁六行,橫距一公尺;閘墩及翼牆之下,則密打木樁,縱橫距各一公尺。由閘底面挖土深一公尺,每逢閘墩之下,則增深二公寸;與閘墩正交,挖隔斷牆(Cutoff wall)溝二道,深二公尺,闊五公寸;以上二項分填1: 3: 6及1: 2$\frac{1}{2}$:5之混凝土,(Concrete)至高度93. 5公尺處爲止;其上則鋪條石,用1:3膠灰(Mortor)合縫,共厚五公寸;下水增加碎石倉(以條石及石板爲倉,中實碎石,故名)闊6.10公尺,上水增加碎石倉闊2.05公尺;共寬28.1公尺,如圖No.117。復於上下水之碎石倉外,各拋較大石塊,約寬3公尺以壓之。

(丑)翼牆: 牆以條石砌成,以膠灰合縫,如圖No. 118及No.119;築於閘之兩端,呈"L"形;基址築法如閘底;牆脚寬1.82公尺,向兩端收窄,至1.1公尺;牆頂寬5公寸,其高度爲100公尺,向兩端漸低,至高度97公尺。迎水之面垂直,其背面呈斜坡形,分四級上升;牆內與兩岸切近之空隙,填以碎石及膠土,上鋪石板,以便行人。

(寅)閘墩: 墩頭寬1.1公尺,墩身寬1公尺,長9.8公尺,高6公尺,兩端作梭形,以條石實砌,以膠灰合縫;每墩兩面做四槽,爲上下閘板之用;其中心,做一方孔,以置輻形閘門(Radial Gate)鐵軸之用,如圖No. 118及No.119。

(卯)橋板: 鋪於閘墩及翼牆之上,爲啓閉閘門及行人之用;其迎水一道,寬

1.5公尺,厚3公寸,共長 84.6 公尺,以長條石爲之;其下用木梁二根支持之;橋上置起重機,備鐵欄杆於一旁,以便行走;其迎潮一道,分爲二條,每條寬7.5公寸,厚3公寸,長84.6公尺,爲啓閉閘板之用,備鐵欄杆於一旁,以便行走,如圖 No.118 及 No.119。

（辰）閘門: 舊式閘門,係用橫板,其大弊有四;（1）每啓閉一次,須待閘外潮位,與閘內水位相平,而后可用力;故每日二十四小時中,僅四小時之機會;是以每逢山洪暴發,倘非啓閘板之時,則水流無路,水災以成;若閉閘之時,則適與之相反;如今年大水之後,天久不雨,河中無水可車,全縣旱荒,雖虫災等因頗多,然强半由於閉閘之時,以潮位未平,延長時間,致排水過多之故。（2）即適逢其會,得以按時啓閉,然每次啓一根閘板,或閉一根閘板,須費時至三分鐘之久;每一閘孔閘板之數,多至四十餘根,故每潮平一次,尚不能啓完一孔。（3）即增加閘夫人數,使一齊動手;然啓時自上而下,閉時自下而上,所有山洪挾帶之泥沙,以比重較大故,均停於閘內;無怪乎閘內日積日高,港底直如攔河大堰也。（4）閘板之數既多,漏水之縫亦隨之俱多,潮漲則鹹潮內灌,倒流甚大;潮落則淡水外漏,量亦如之;故所謂蓄淡禦鹹,排洪者,久已失其効用矣。是以改良閘門制,實爲急務;考歐美成法,此制甚多,若採用平鐵板也,則水壓力既大,起重機之力亦大;

如仿華北水利委員會蘇莊洩水閘辦法,則用費多矣。茲以本地木材尚多,爲就地取材,及省費計,故擇用木板;法於迎水之面,用輻形木閘門,藉圓面分力之旨,使水壓力減輕,易於啓閉;迎潮之面,用橫閘板制,專爲禦鹹之用;若測知山洪將至也,則於潮落時,(每日夜無潮之時,有二十小時之多。)先啓橫板,而后應時啓輻形閘門;若閉閘之時,則反之;故尤易。是以以上四弊,均可免去。門高 5 公尺,寬3.7公尺,最高水位,爲98.5公尺,即自閘底至水面,共高4.5公尺;門之下方中心,有鐵鏁,上達橋板,使繞於起重機之軸,機藉二次輪軸節力之旨,用二人手搖,即能啓閉,如圖 No. 119。

第五章　工費之預算

(一)工費單位　茲估計治標治本各項工費之始,先列工費單位表,以便醒目:

(工料種類)	(單位)	(銀數)
挖土及運費(深三尺以內)	每窟	0.08
挖土及運費(深三尺以外)	每窟	0.08至0.10
購地費(指拉薩匯類言)	每畝	20.00至30.00
條石(指磐石等言)	每丈	1.10

續 上 表

（工料種類）	（單位）	（銀數）
兔頭橋板及阡板（卽石板）	每丈	1.10
石橋板（1.′2×1′×17′）	每根	12.00
碎石（大小不等，連運費）	每立方碼	1.00
閘檻，閘門料，及閘板，（運費在外）	每 ft. B.M.	0.08
木樁（徑 1′ 長 20′，18′及 16′，）	平均每根	2,00
蜊灰	每石	0.40
水泥（連運費）	每桶	8.00
沙	每立方碼	0.50
碎石（敲細爲混凝土之用）	每立方碼	1.80
黃泥	每船	3.00
1:2$\frac{1}{2}$:5 混凝土	每立方碼	12.00
1:3:6 混凝土	每立方碼	10.50

（二）治標工費：疏濬工程用挖泥機及工人兩種辦法，除挖泥機開支外，每公方給工價一角

(1)自浮橋至玉潔閘一段計銀 10,684,2235 元

(2)自寺前橋至金清閘一段計銀 6,335,851 元

（三）治本工費：照工別，料別，雜別，列表如下°

第一表

類別 / 料別	料名	料數	銀數
購地	栽灣取直地畝	63.12 畝	1,362.00
挖土	新港土方	159,320.00 窟	12,745.60
寅石料	閘底鋪磐石	3,344.20 丈	3,678.62
	閘墩砌磐石	3,689.00 丈	4,057.90
	翼牆砌磐石	1104.20 丈	1,214.62
	碎石倉及鋪路石板	200.00 丈	220.00
	粗碎石	720.00 立方碼	720.00
	石橋板	180.00 根	2,160.00
木料	閘檻	4,800.00 ft B.M.	384.00
	閘板	35,725.00 ft. B. M.	2,858.00
	閘門料	47,520.00 ft, B. M.	3,801.60
	木樁	912 枝	1,824.00
	橋樑	9,600.00 ft. B. M.	768.00
辱膠料	蜊灰	5,190.00 石	2,076.00
	1:2$\frac{1}{2}$:5 混凝土	164.00 立方碼	1968.00
	1:3:6 混凝土	254,465 立方碼	26,718.72
	黃泥	100,00 船	300.00
		共計	66857.06

第二表

類別 / 工別	工名	工價	銀數
石工	做石90,515,66立方尺	每立方尺以銀0.124計	
	置石 90515.66 立方尺	每立方尺以銀 0.025 計	
	總計	每立方尺須銀 0,149 元	13,486.833
運石工	運石 8,138 丈	每船以一元計可裝七丈	
	運石 3,109 立方尺	每船以一元計可裝七十三立方尺	
	總計	須裝 1,205 船	1,205.000
粗工	整理閘址 4000 工	每工以銀 0.33 計	1,320.000
木工	做幅形閘門及閘板 9000工	每工以銀 0.40 計	3,600.000
土工	築欄港壩一道	約計	4,000.000
		共計	23,611.833

第三表

類別 / 雜別	雜數	雜價	銀數
起重機	十八架	每架約 50.0 元	900.00
汲水機	五架	每架約 172 元	860.00
鐵欄杆	兩行	每行約 300 元	600,00
		共計	2360.00

全工程費共計 92,828.893 元

工程管理以全工程費百分之五計……4,641.445

意外費以全工程費百分之十計……9,282.889

總共計銀 106,753.227 元

第六章 動工步驟

第一步:先挖閘窟,整理閘址,填閘底混凝土,及鋪條石;而後砌翼牆,築閘墩,鋪橋板置閘門等。

第二步:開裁灣取直處之新港,而留兩端與舊港相接處之土方,以富港水,而利工作。

第三步:開通新港,使港水經新港,穿閘門,而東下同時以新港,所起之土方,填塞與新港上端相隣處之舊港,復於其土壩面堆石,以防漲水時之冲刷。

附錄

溫嶺一縣,土地肥美,農產豐富,實爲舊台屬各縣冠;徒以水利失修,致西北中三區膏腴之田,頻遭水害;益以東南等鄉,爲受洪潮之刦後,建築瀕海一帶高塘,而不設出水之口,則向之圍塘爲田,各自出水者,近則排水無路,盡成荒草之區;荒地既廣,農產自遜,民力凋弊,流爲盜匪;而此種荒地,當夏秋之交,豐草變爲長林,一望無際,又爲土匪出沒之所;是以全縣水匪交災,幾無寧日;而隣縣及台州洋面亦波及其殃。

本年八月間,漲水甚大,本處興工掘開高塘三闕,餘水歷一週始退完;較之歷年水禍蔓延,至數十日不退者,已有進步;然掘塘放水,不但臨事周章,迫於奔命,而一開一築,所費亦甚巨;故金清港治標治本之舉,於邑計民生,急不容緩。

浙省當局,及溫嶺縣官民,有鑒於此,籌設溫嶺水利工程處,俾通盤計劃,興利防災,意至美也。時予任華北水利委員會職,以省局之招,卽允爲捨彼而就此;實以予係台人一分子,對於台屬水害,皆身經歷,而親受其害者,一向頗有所研究,以年來奔走他鄉,未償夙願;今逢其會,故此心欣然樂。

本年三月稍,由省來縣,會同王致敬縣長,組織溫嶺水利工程處;并議定事務一方,由王縣長兼任負責,工程一方,則由予負責;隨卽赴滬,採購測量儀器,定購挖泥機船,并聘請工程人員;四月中旬,一同返縣。卽於二十日,成立該工程處,二十二日,測量隊開始赴新河,事金清港流域平面,及該港與廿四弓河縱橫斷面等測量;緣隊中人少事多,而海濱又多雨及匪,恐有意外阻礙,故決定星期日及

暑假,均不休息。

現緊要部份測量等工,已告一結束;各項工程之計畫;工費之估計,及工事進行之步驟,亦皆稍稍就緒;而疏濬工程,業已實施,期收工賑之効。所有襄助測繪督工之事者,蔡紹仲陳巨濆二君,皆勤勞卓著,所深感也。

中華民國十八年十一月日　浙江省水利局工程師胡步川自跋

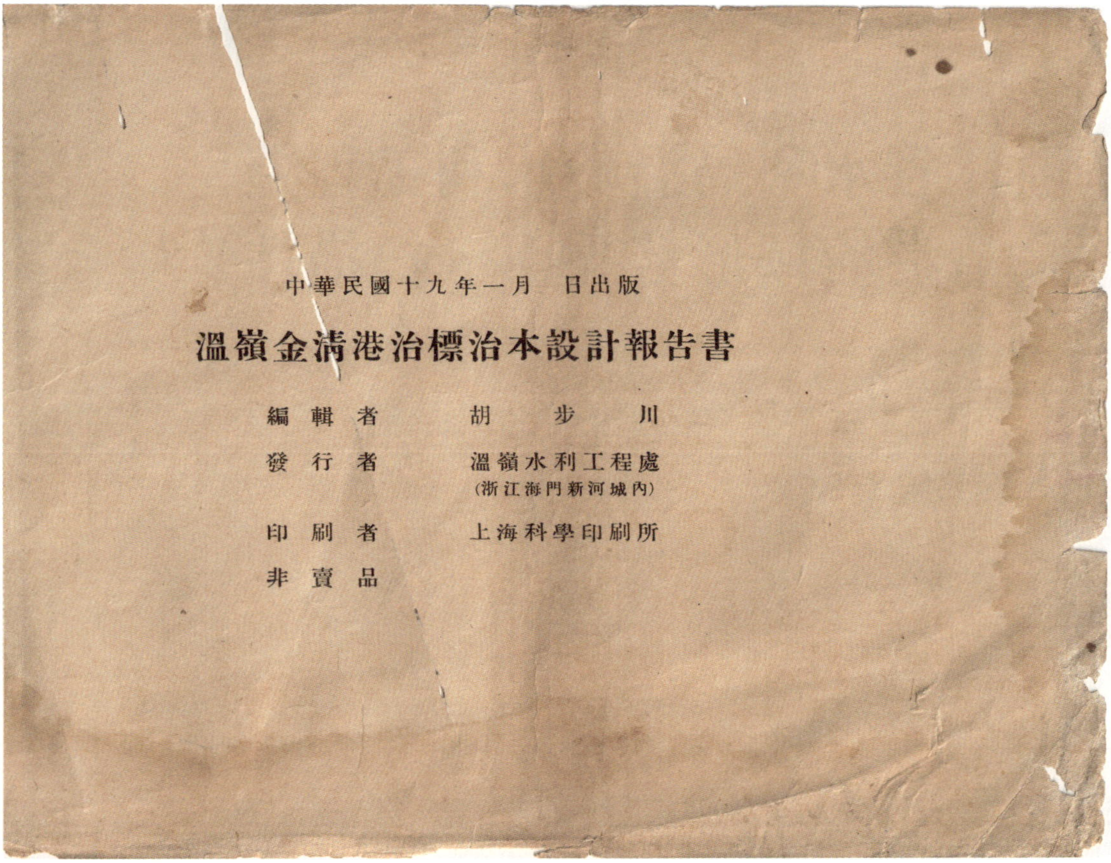

中華民國十九年一月　日出版

温嶺金清港治標治本設計報告書

編輯者　胡步川

發行者　温嶺水利工程處
（浙江海門新河城內）

印刷者　上海科學印刷所

非賣品

浙江省水利局温岭水利工程处金清港流域形势平面（扫描件）[1]

1929 年 6 月至 9 月

胡步川等

1. 原件由王宝秋提供。

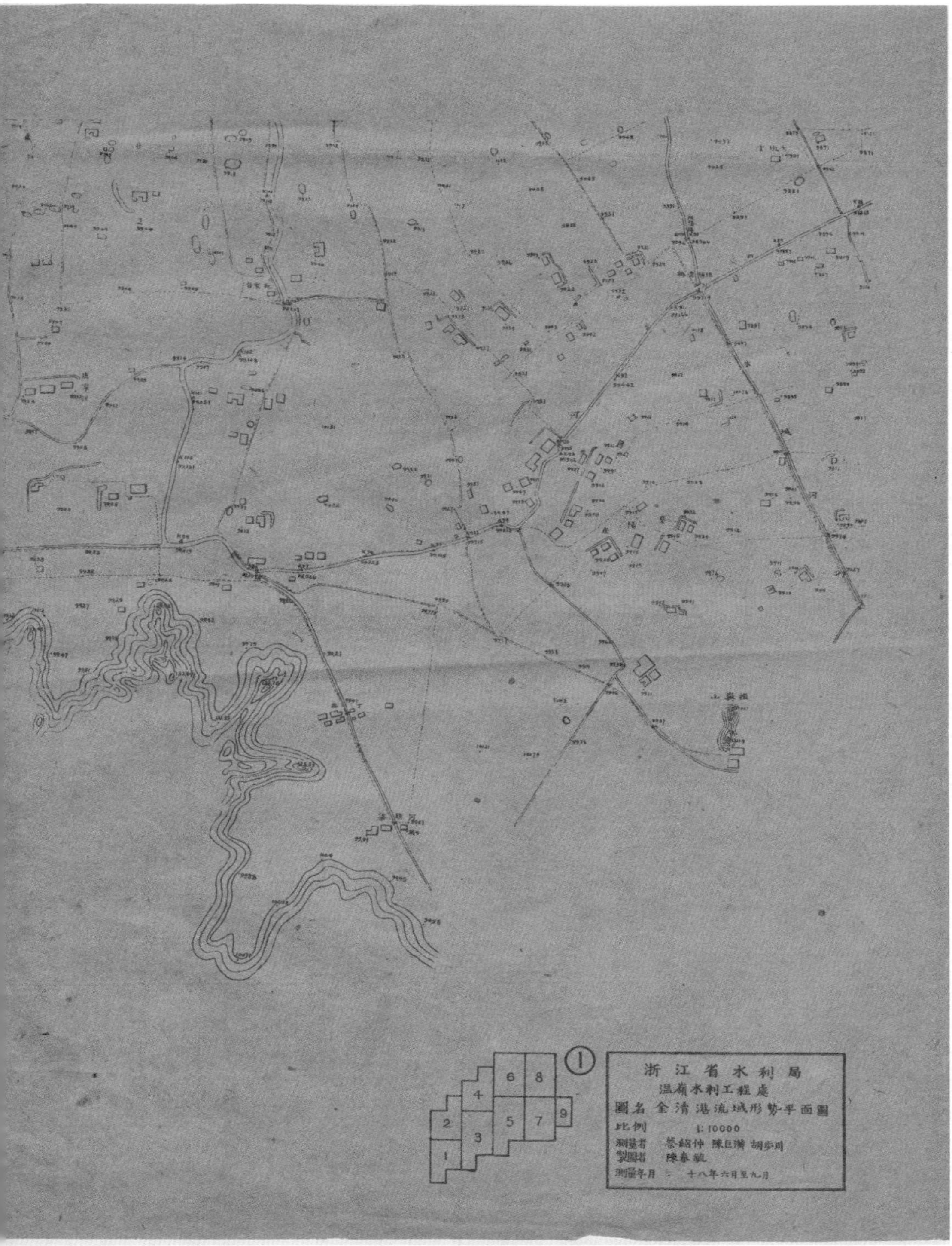
①
浙江省水利局
温嶺水利工程處
圖名 金清港流域形勢平面圖
比例 1:10000
測量者 蔡紹仲 陳巨濤 胡步川
製圖者 陳春毓
測量年月 十八年六月至九月

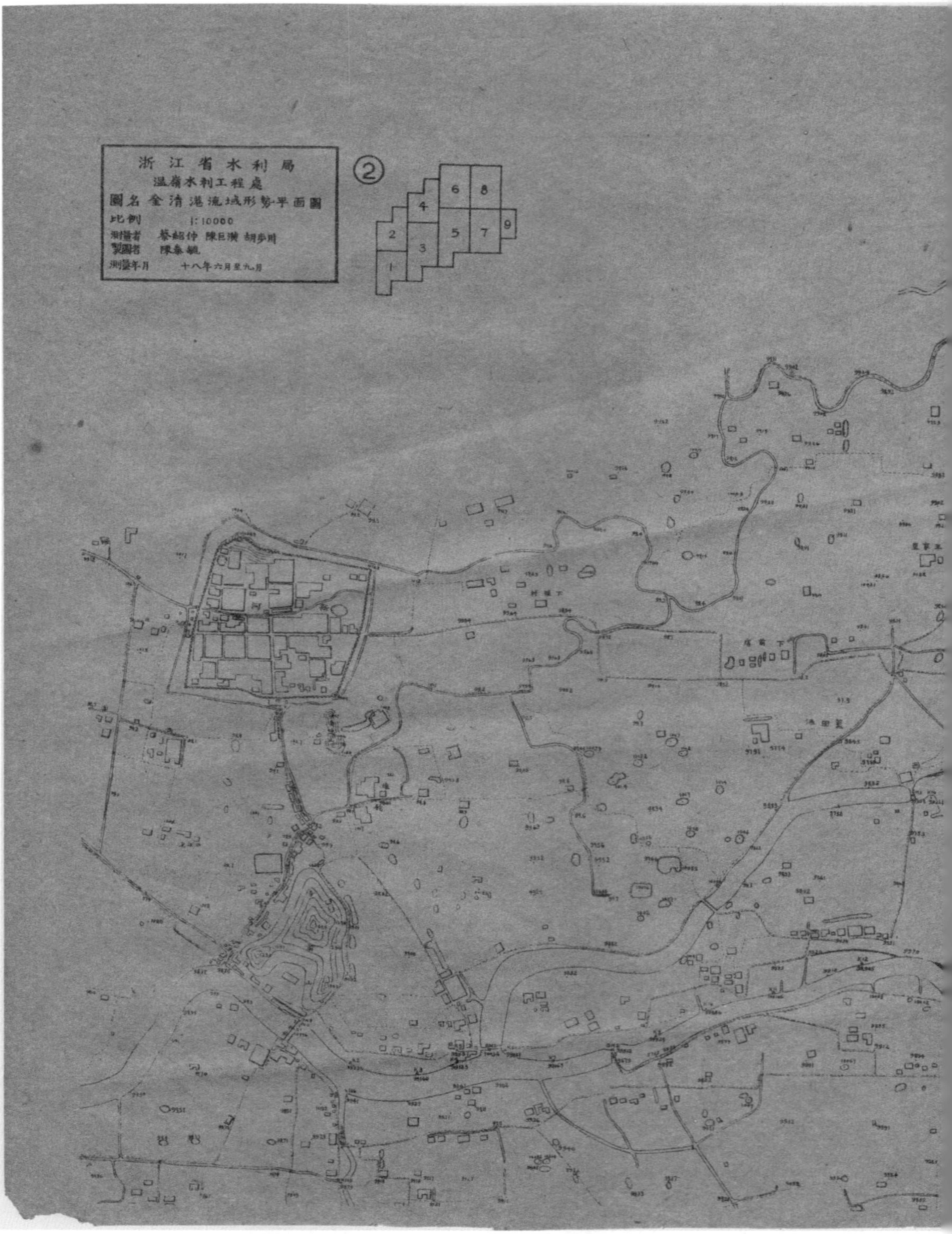
浙江省水利局
温嶺水利工程處
圖名 金清港流域形勢平面圖
比例 1:10000
測量者 蔡紹仲 陳巨濱 胡步用
製圖者 陳奏組
測量年月 十八年六月至九月
②

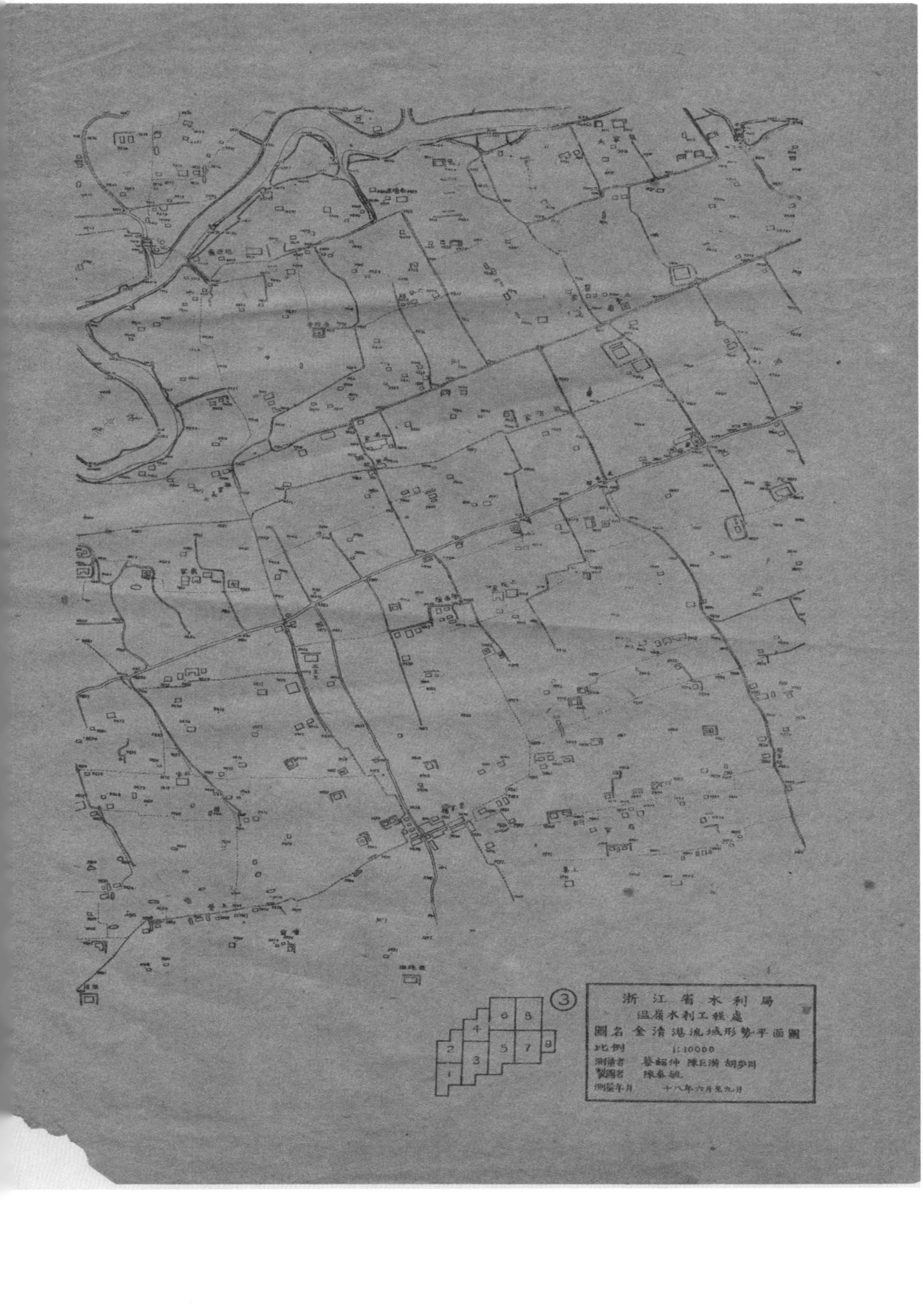
③
浙江省水利局
温嶺水利工程處
圖名 金清港流域形勢平面圖
比例 1:10000
測繪者 蔡韶仲 陳巨濱 胡步川
製圖者 陳春鎮
測繪年月 十八年六月至九月

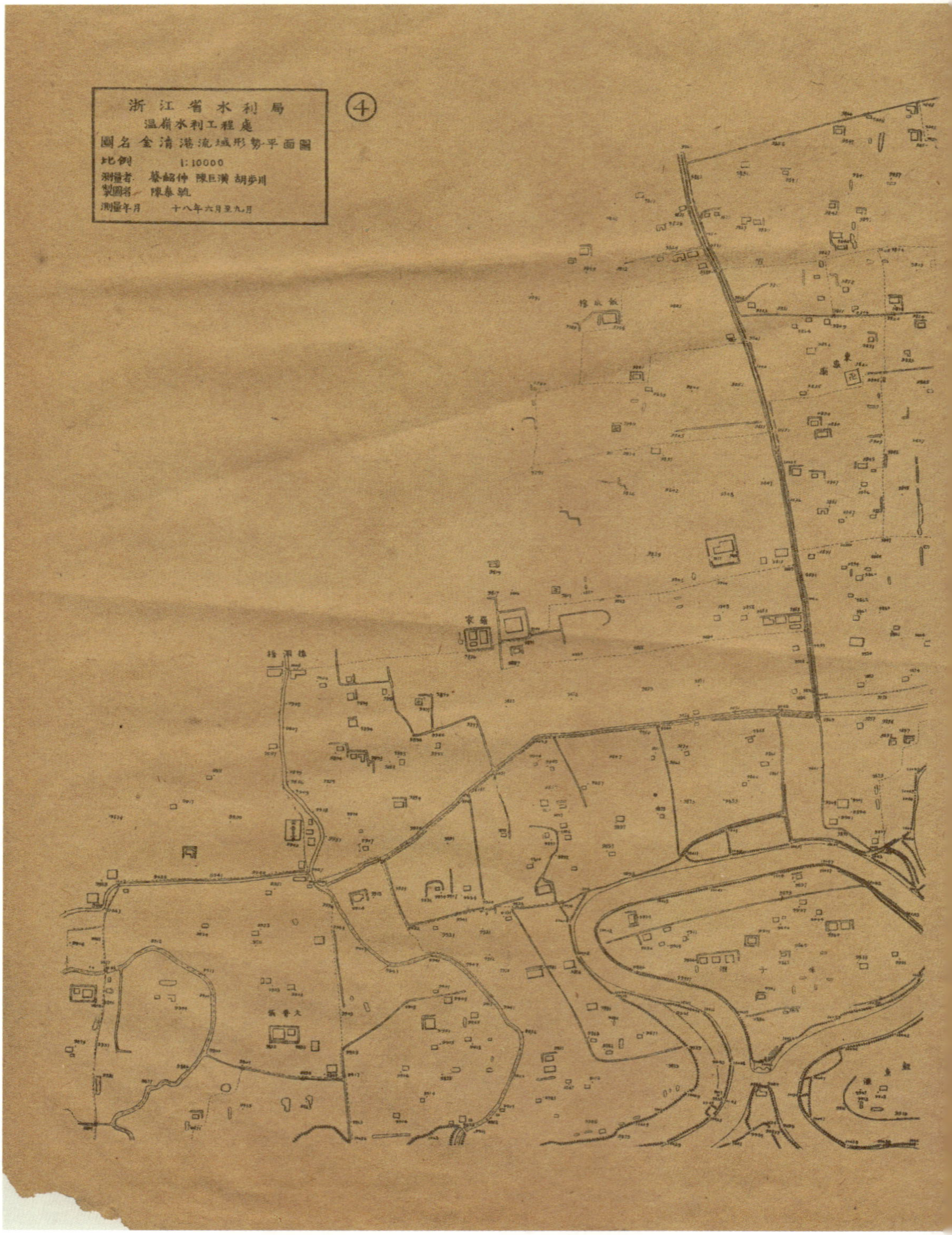
浙江省水利局
温嶺水利工程處
圖名 金清港流域形勢平面圖
比例 1:10000
測量者 蔡紹仲 陳巨濱 胡步川
製圖者 陳春毓
測量年月 十八年六月至九月
④

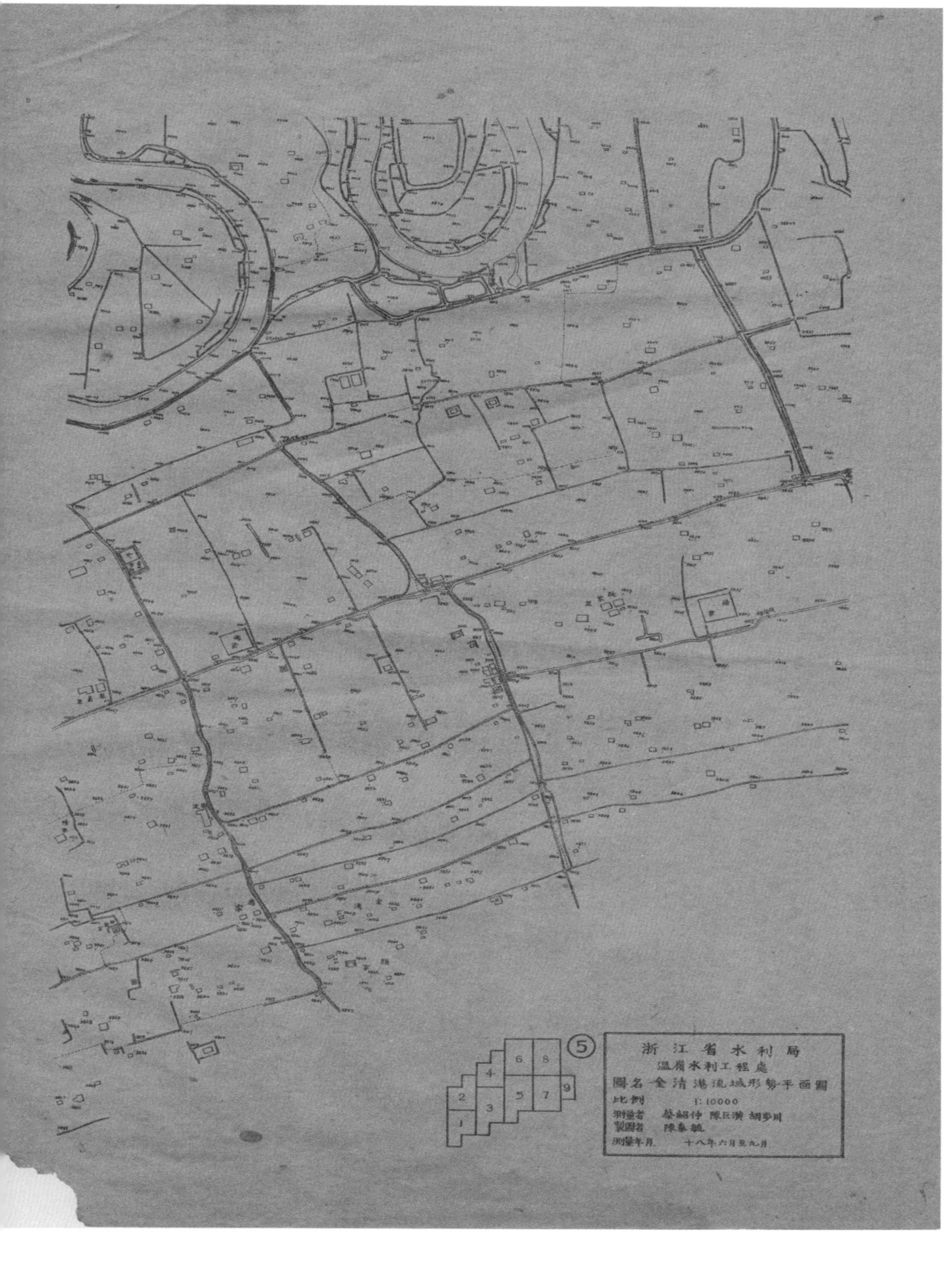
⑤
浙江省水利局
温瑞水利工程處
圖名 金清港流域形勢平面圖
比例 1:10000
測量者 蔡紹侍 陳巨濟 胡步川
製圖者 陳秉毓
測量年月 十八年六月至九月

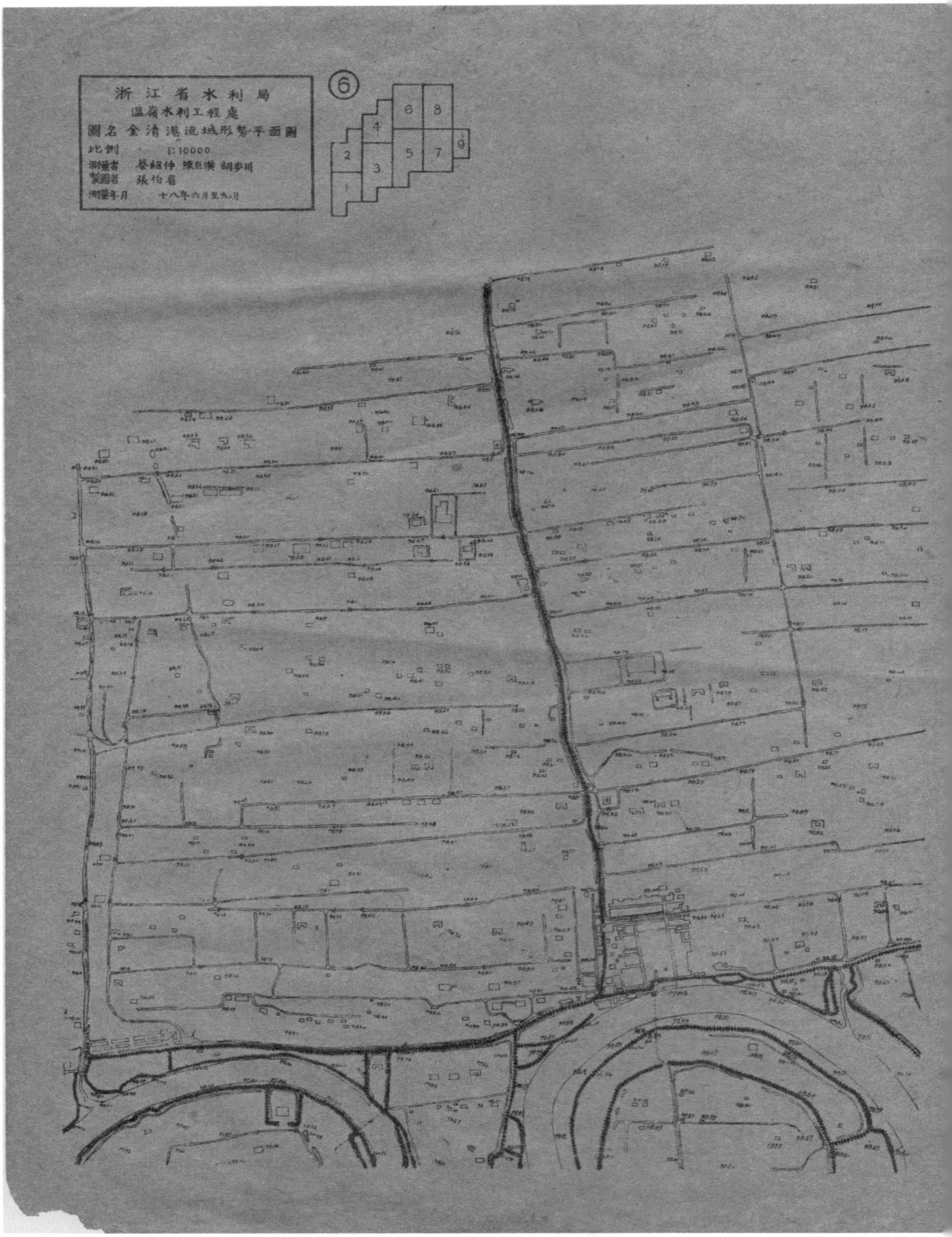
浙江省水利局
温嶺水利工程處
圖名 金清港流域形勢平面圖
比例 1:10000
測量者 蔡紹仲 陳巨湊 胡步川
製圖者 張伯看
測量年月 十八年六月至九月
⑥
6
8
4
2
3
5
7
9
1

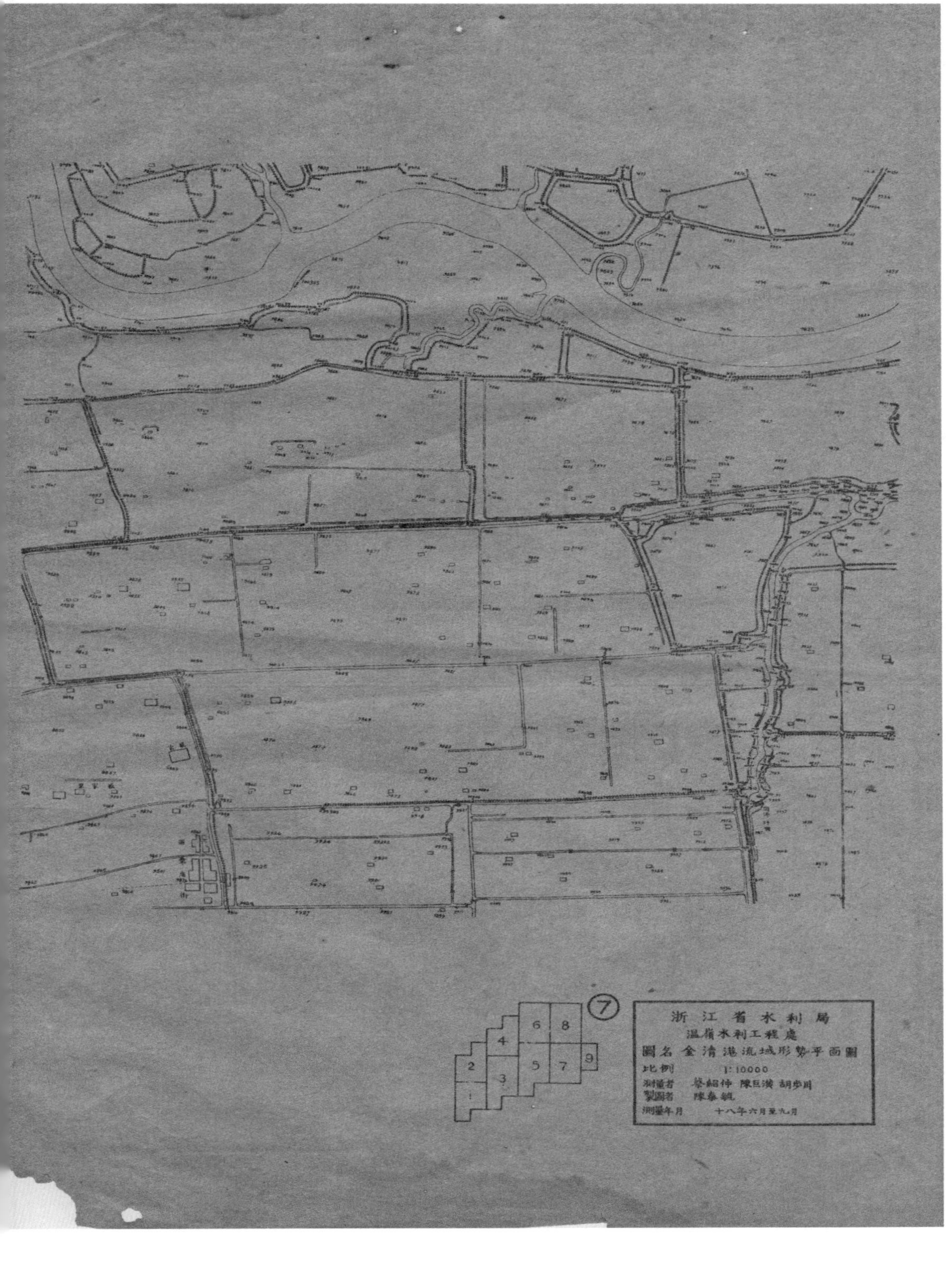
⑦
浙江省水利局
温嶺水利工程處
圖名 金清港流域形勢平面圖
比例 1:10000
測繪者 胡步川
製圖者
測量年月 十八年六月至九月

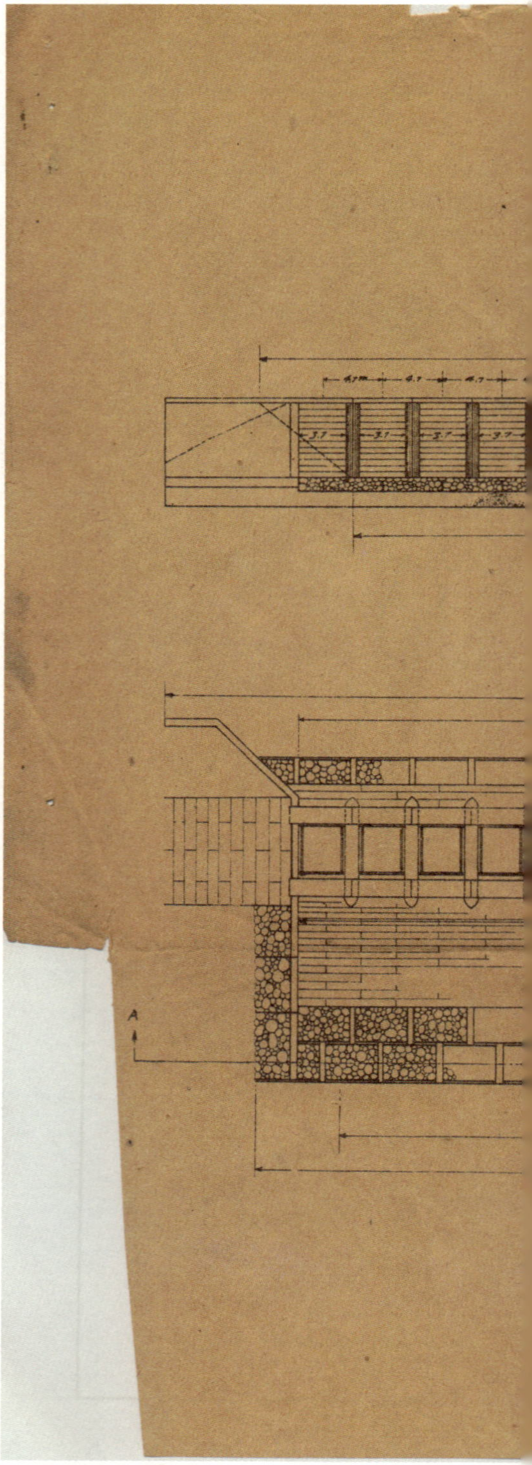

浙江省水利局温岭水利工程处新金清闸计划（扫描件）[1]

1929 年 6 月至 10 月

设计工程师兼绘图者胡步川

1. 原件由王宝秋提供。

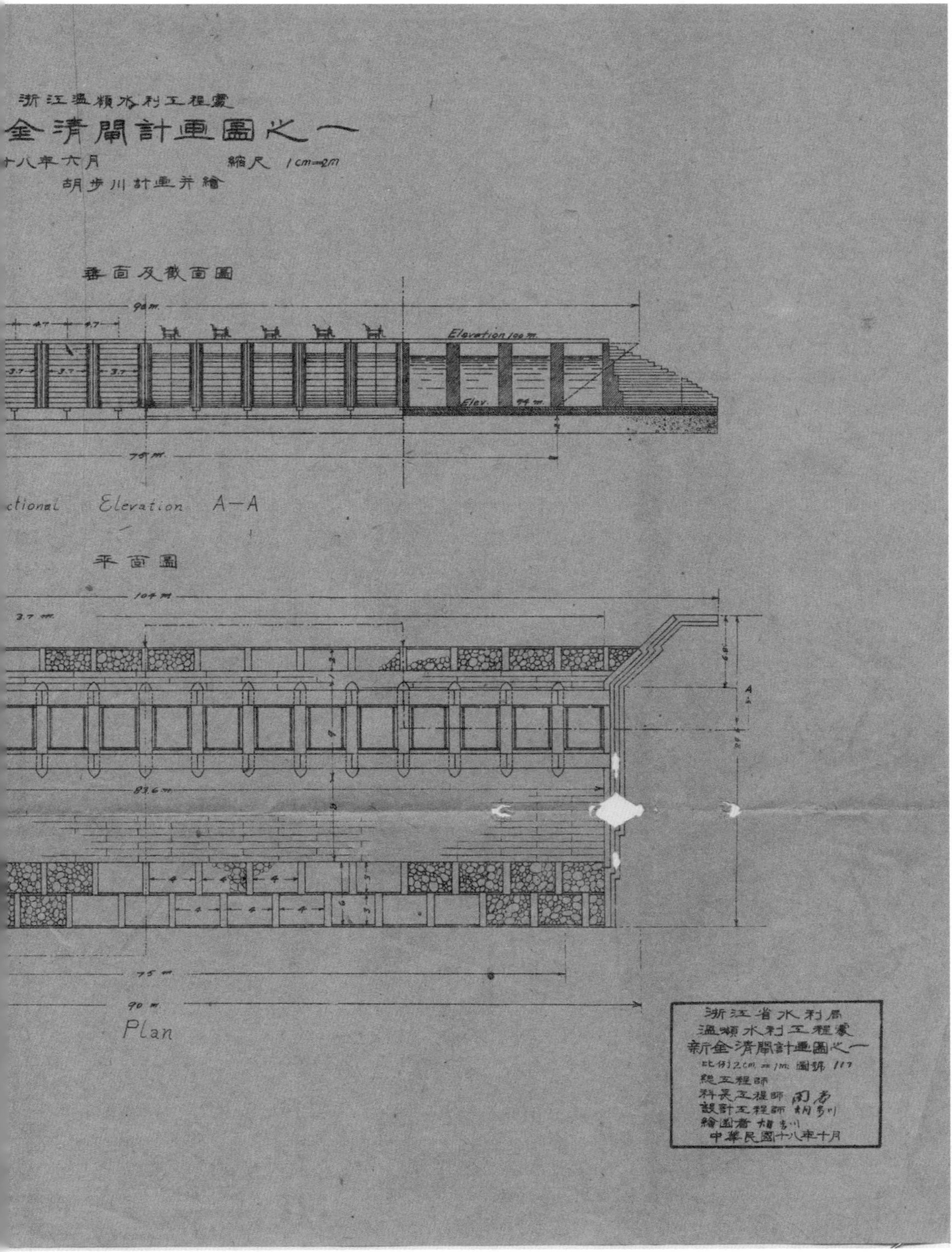
浙江溫甌水利工程處
金清閘計畫圖之一
十八年六月
縮尺 1cm=2m
胡步川計畫并繪
垂面及截面圖
Elevation 100 m
Elev. 94 m
ctional Elevation A—A
平面圖
Plan
浙江省水利局
溫甌水利工程處
新金清閘計畫圖之一
總工程師
科長工程師
設計工程師
繪圖者
中華民國十八年十月

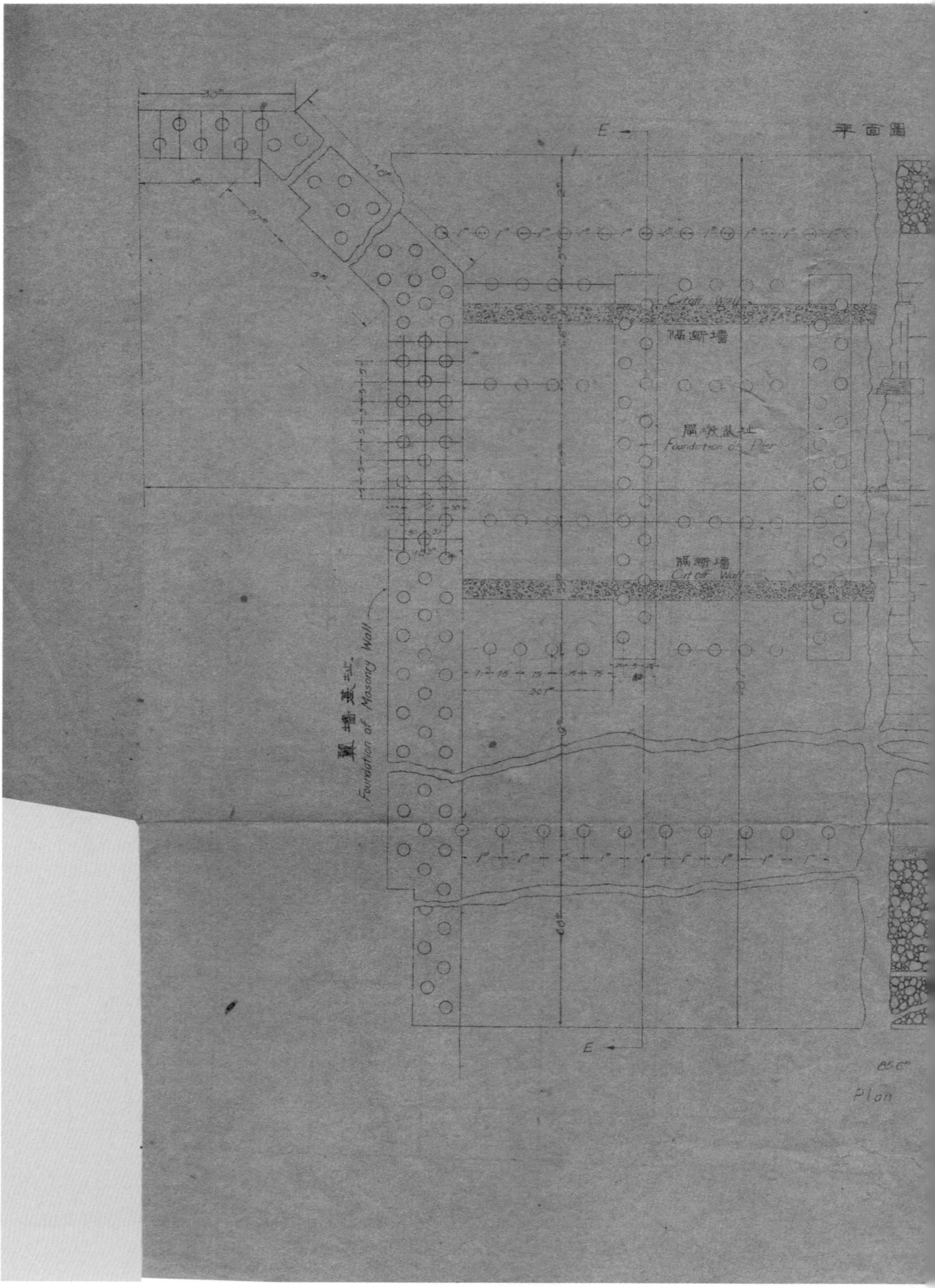
平面圖
隔斷墻
Cutoff Wall
閘墩基址
Foundation of Pier
翼墻基址
Foundation of Masonry Wall
E
Plan

石板
Plate Stone
条石
Square Stone
木檻
Wooden block
隔斷墻
Cutoff Wall
Masonry Wall
Earth Filling and Masonry Pavement Removed
鋪面
Pavement
浙江省水利局
溫甌水利工程處
新金清閘計畫圖之二
比例2cm=1m 圖號117
總工程師
科長工程師
設計工程師
繪圖者
中華民國十八年十月

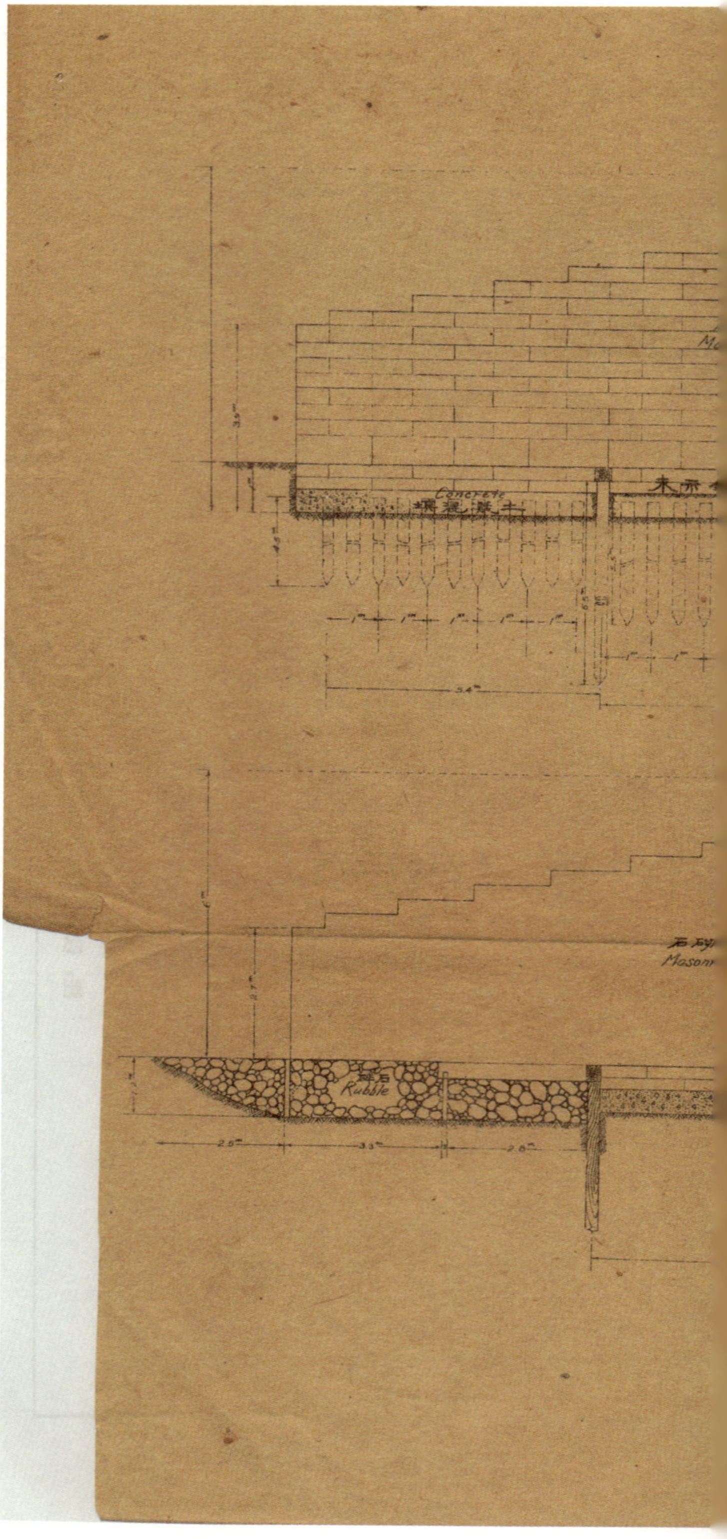
Concrete
Rubble

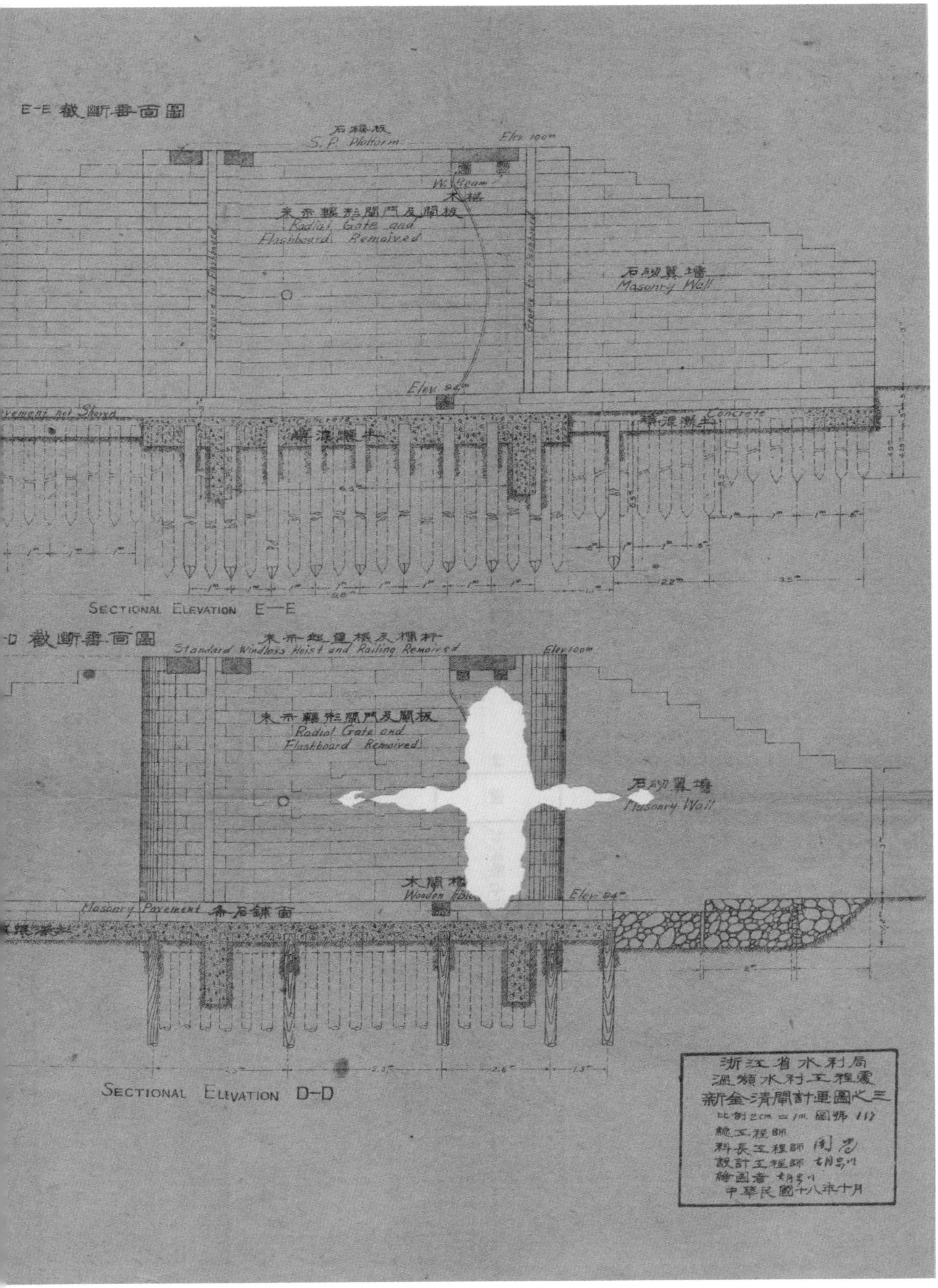
E-E 截断面图
S.P. Platform
Elev. 100m
W. Beam
木樑
Radial Gate and Flashboard Removed
石砌翼墙
Masonry Wall
Elev. 94m
Concrete
SECTIONAL ELEVATION E—E
D-D 截断面图
Standard Windless Hoist and Railing Removed
Elev. 100m
Radial Gate and Flashboard Removed
石砌翼墙
Masonry Wall
Wooden Block
Elev. 94m
Masonry Pavement
SECTIONAL ELEVATION D-D
浙江省水利局
温瓯水利工程处
新金清闸计画图之三
比例 2cm = 1m
总工程师
科长工程师
设计工程师
绘图者
中华民国十八年十月

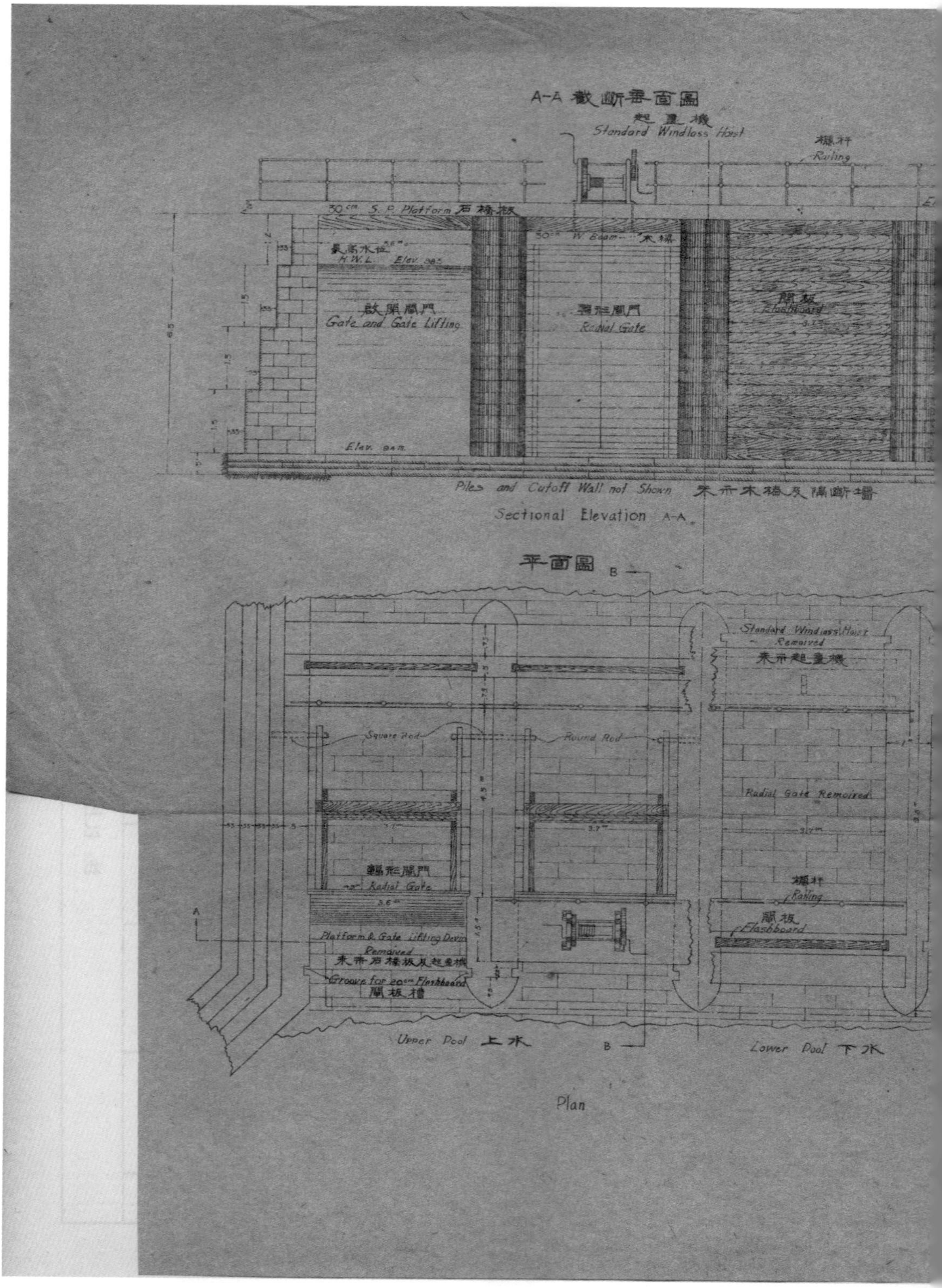
A-A 截断垂面图
起重机
Standard Windless Hoist
欄杆
Railing
30cm S.P. Platform 石橋板
最高水位
H.W.L. Elev. 38.5
啟閉閘門
Gate and Gate Lifting
弧形閘門
Radial Gate
閘板
Flashboard
Elev. 34.5
Piles and Cutoff Wall not Shown 未示木樁及隔斷墻
Sectional Elevation A-A
平面圖
Standard Windless Hoist Removed
未示起重機
Square Rod
Round Rod
Radial Gate Removed
弧形閘門
Radial Gate
欄杆
Railing
閘板
Flashboard
Platform & Gate Lifting Device Removed
未示石橋板及起重機
Groove for 20cm Flashboard
閘板槽
Upper Pool 上水
Lower Pool 下水
Plan

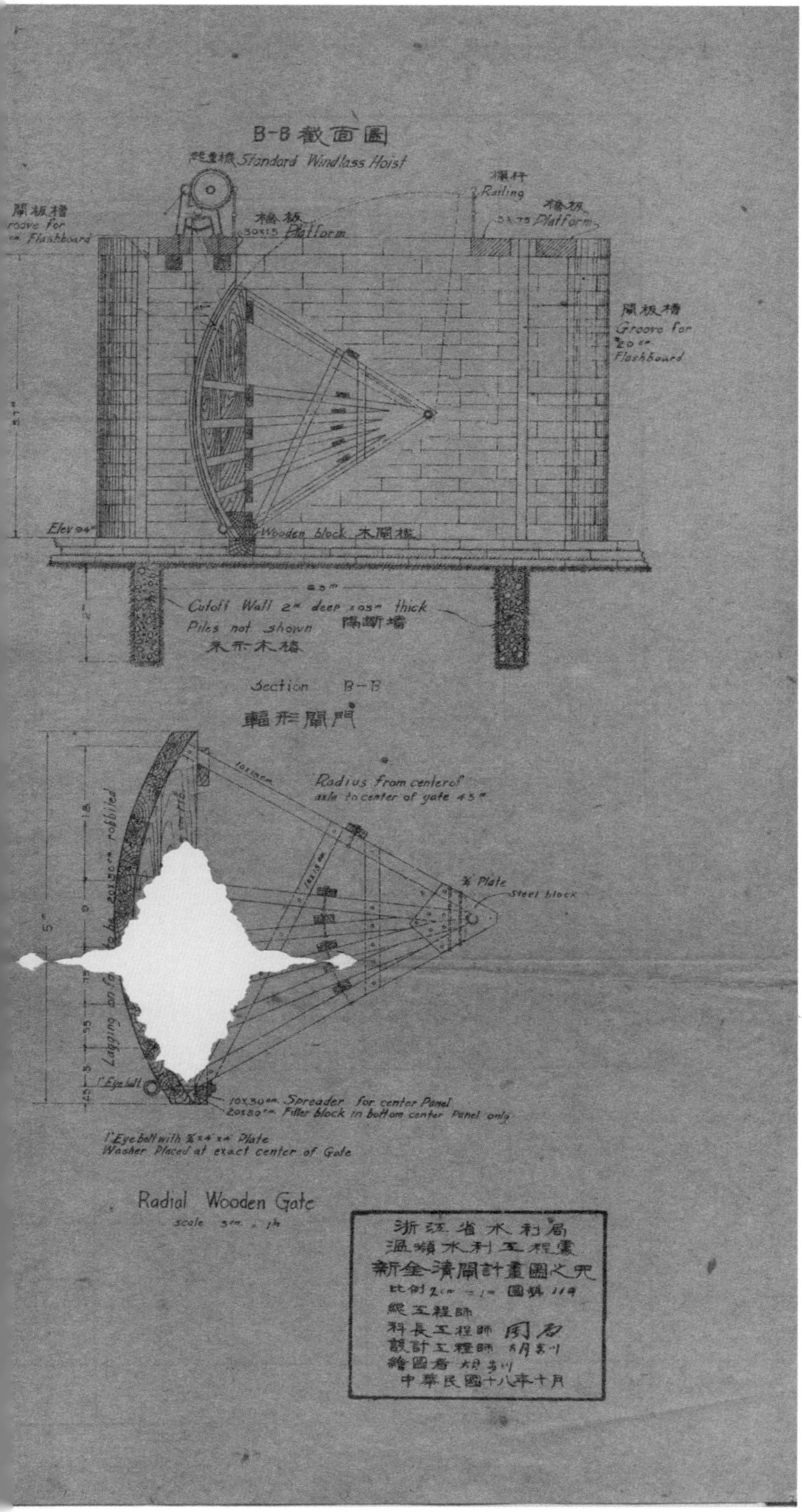
B-B截面圖
Standard Windlass Hoist
Railing
Platform
Groove for Flashboard
Wooden block 木閘檻
Cutoff Wall 2m deep x 0.3m thick
Piles not shown
隔斷牆
Section B-B
輻形閘門
Radius from center of axle to center of gate 4.5m
Plate
Steel block
Spreader for center Panel
Filler block in bottom center Panel only
Radial Wooden Gate
浙江省水利局
溫瀕水利工程處
新金清閘計畫圖之四
比例 2cm = 1m 圖號 119
總工程師
科長工程師
設計工程師
繪圖者
中華民國十八年十月

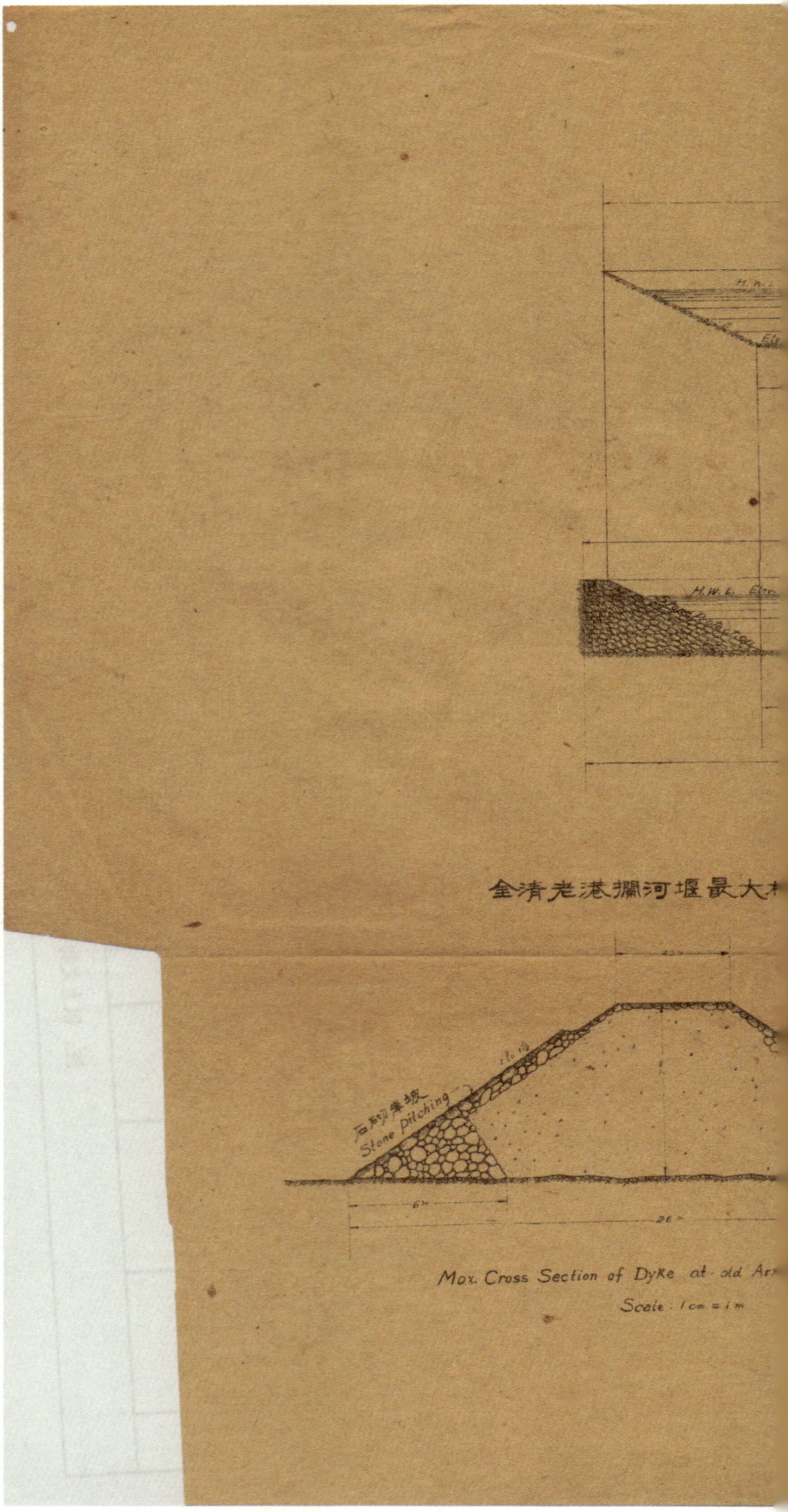
金清老港攔河堰最大材
石砌護坡
Stone pitching
6m
26m
Max. Cross Section of Dyke at old Ar
Scale: 1cm = 1m

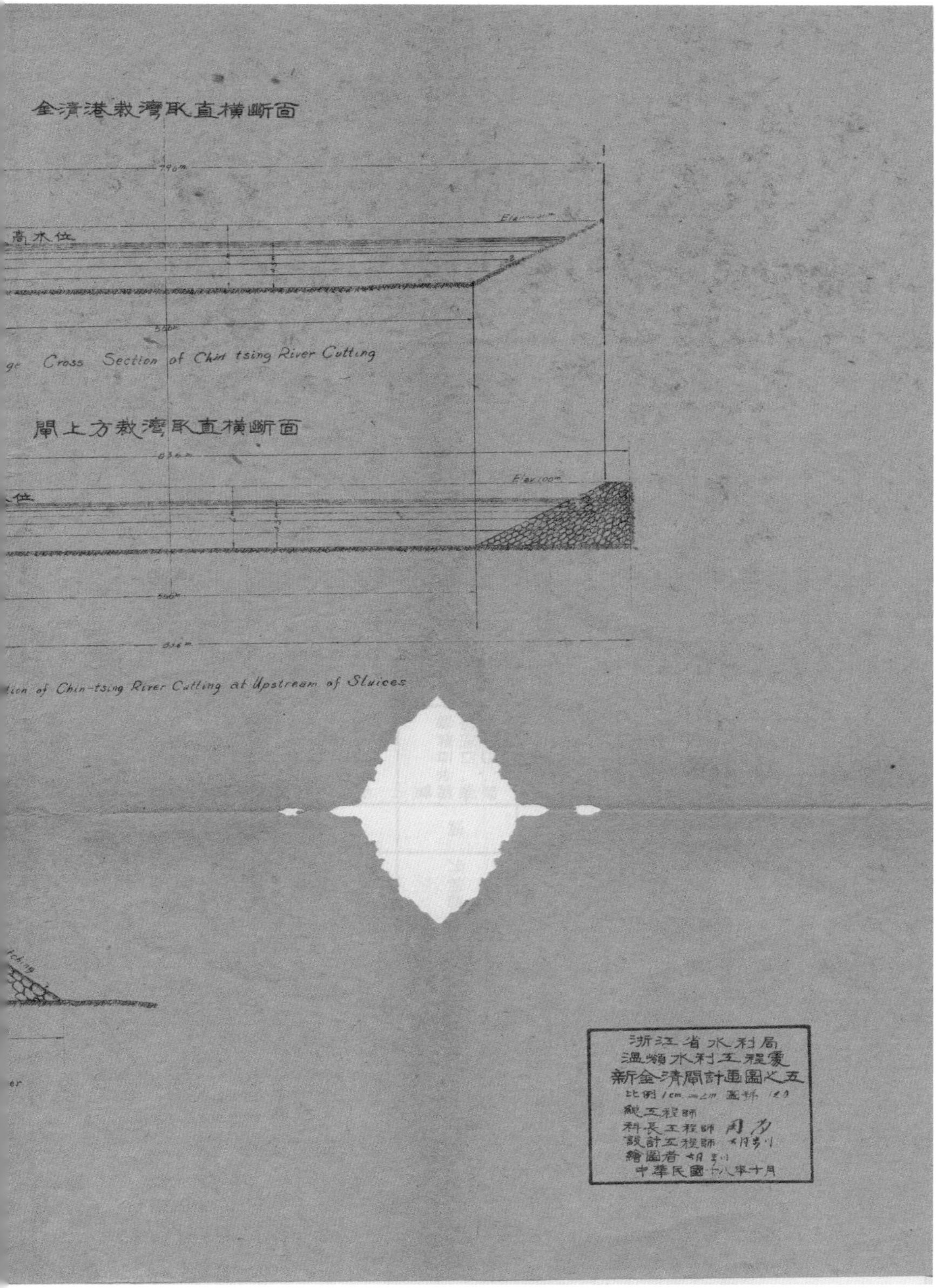
金清港裁湾取直横断面
高水位
Cross Section of Chin-tsing River Cutting
閘上方裁湾取直横断面
ction of Chin-tsing River Cutting at Upstream of Sluices
浙江省水利局
温瓯水利工程处
新金清閘計画圖之五
比例 1cm＝2m 圖號 12
總工程師
科長工程師
設計工程師
繪圖者
中華民國十八年十月

为西江闸基土坡崩坍事 敬告黄岩县政府水利委员会诸先生暨全县民众书

窃闻非常之举，黎民所惧；乐成图始，自古明言。若事至中途，而遭意外之损失，尤为工程进行之障。然盘根错节之既过，或有开明之一日，故古人以失败为成功之母也。远处姑不论，兹将川所亲身经历者，敬为诸先生言之。天津华北水利委员会，苏庄泄水闸二十八洞，阔至二百三十八公尺，共用工费银一百五十二万三千四百十一元。当工程进行期中，若土崩、水冲、基陷等损失，已至八次之多。而最后之损失，竟将已成之洋灰闸底冲毁，及闸底下之井基沉陷无踪。事后用炸药轰去一部分洋灰闸底，始能补做新工，以抵于成。陇海铁路西段观音堂山洞土坡做成，铁路业已铺轨。然经雷雨，土坡全坍，铁轨埋于九丈深土之下。后经开掘补做石穹二十余个，承担土（方）压力，方得安全。南京中山陵，依山为基，砌巨石为护墙，用洋灰胶合，然后填土石为平地。及土既填平，墙则倒去九十五公尺之高，后以加厚墙身，修复完竣。凡此种种，均为设计时所不及料，故未作预防工程，事后补救，始得安全者。

此次西江闸基土坡之崩坍，亦难逃此例。当闸基掘至地平下一公尺许，发见瓦砾木桩乱石等类；及至二公尺以下，纯属胶土，不易崩坍渗漏。吾人正欣基址之得所，乃至五公尺以下，始发见胶土中杂细沙地层，然岸坡仍无陷落征象。同人曾作详细之研究，则以《建筑工程全书》一百四十三页有《土层荷重力表》，载明胶土层之荷重力，每平方英尺为一吨；胶土及沙之混合层，每平方英尺为一吨半; 而纯沙层, 则每平方英尺为三吨; 则知沙之荷重力较胶土为强,可增加闸身之稳固率。惟沙之黏结力较小，则由《建筑工程全书》二百五十六页之《土层黏结力表》中，知沙之安全坡度为一比一点五；而胶土杂沙之安全坡度为一比一点三；又沙坡之安全角为三十三度四十一分；而胶土杂沙坡之安全角为三十六度五十三分；则知沙之黏结力较胶土为弱，或有岸坡崩坍之虞。本处闸基挖至预定高度之时，方发见沙层。然此时即可打闸基底桩，以固基址，而增岸下沙层之切力，并可免岸坡之下陷。乃川于本月十五日赴新河之隔夜，西岸即行崩坍。十九、二十夜间，南岸一小部分逐渐陷落一尺余，二十夜北岸又有一部分崩坍。细为考察，原因甚多，约可括为以下数种:

（1）考《土木工程全书》九十一页，载有沙见水，其体略缩而加实，于胶土则否。现闸窟开空，力不平衡，故闸基岸之胶土层，易与沙层分离。

（2）考岸坡下陷之夜，均当高潮位之时。沙层以水压力加大，易于渗水，而闸基复介于永宁江、西江之间，致三面受压。

（3）惟土坡过陡，土压力增大。

（4）闸基内所挖之土，含有水分渗入岸土中，易失土之黏结力。

以上指西岸坡崩坍而言。

（5）南岸坡腰曾设打水机打水，震动颇剧。而岸坡以装置水管，坡度较陡，此为南岸坡崩坍之主因。

（6）北岸坡上，系陈准标大墓，积土及砖石颇多而重。屡催未移，土工无法掘土, 只有暂时避坟作坡, 更陡其斜度, 遂致承力不足; 又加以打水机震动,是为北岸崩坍之主因。

以上种种，虽由本处事前未加预防工程所致，然本开工以来，地层未变，以前地质之经验，确有把握，无须作预防工事，故不欲加多工程，致耗工费。及发见地层变动之时，已届打桩之期，仍希其在最短时期之内不致崩陷。且在崩陷以前，岸上并无裂纹及沉陷征兆（东西岸上，原装有水准石标，不时施测高度）。迨深夜崩坍，致猝不及防。本处同人未为曲突徙薪之谋，殊为缺憾矣。

兹除将崩坍情形、沉陷土方数量及当时摄影等呈报省方请示外，拟具善后方法如下:

（1）闸基既发见沙层，于闸身稳固问题，较为乐观。兹为避免岸坡崩坍计，决用一比三坡度为岸坡，岸上堆土亦同。

（2）东岸坡脚先打木桩一排，将来可作为东闸座最外一排底桩之用（经费在原预算范围之内），无须额外耗费。然后加打坡腰下木桩一排，以资稳固。

（3）西岸相地势打木桩二排，以承坍土。然后挖去闸基内散土，俾可打西闸座之底桩。

（4）所有坍土，应尽量运至土堆后方，以减土压。

（5）闸基南北岸，系将来裁弯取直之新江，本当开掘。现所崩坍之少量土方经费，原在预算范围以内。

（6）如天气晴和，拟在废历年内将东岸坡脚、坡腰之木桩打竣，西岸防坍木桩二排亦相继毕工，闸基内散土可挖去十九。待废历新正，即可继续闸基打桩工程矣。

（7）打桩期间，同人当切实研究闸基地质，详为记载，俾请海内外高明共同讨论。

兹当变故之后，不无多生巷议。同人等惕励之余，爰将过去情形及善后方法胪列陈明，诸祈谅察，以待明教。

西江闸工程处主任工程师胡步川谨启

（民国二十一年）一月廿五日

为西江闸基土坡崩坍事敬告黄岩县政府水利委员会诸先生暨全县民众书（扫描件）

層分離。（2）考岸坡下陷之夜。均當高潮位之時。沙層以水壓力加大。易於滲水。而閘基復介于永寧江西江之間。致三面受壓（3）惟土坡過陡。土壓力增大。（4）閘基內所挖之土。含有水分滲入岸土中。易失土之黏結力。以上指西岸坡崩坍而言。（5）南岸坡腰曾設打水機打水震動頗劇。而岸坡以裝置水管。坡度較陡。此爲南岸坡崩坍之主因。（6）北岸坡上。係陳準標大墓。積土及磚石頗多而重。屢催未移。土工無法掘土。祇有暫時避墳作坡。更陡其斜度。遂致承力不足。又加以打水機震動。是爲北岸崩坍之主因。以上種種雖由本處事前未加預防工程所致。然本開工以來地層未變以前地質之經驗。確有把握。無須作預防工事。故不欲加多工程。致耗工費。及發見地層變動之時。已屆打樁之期。仍希其在最短時期之內。不致崩陷。且在崩陷以前。岸上並無裂紋及沉陷徵兆。（東西岸上。原裝有水準石標。不時施側高度。）迄深夜崩坍。致卒不及防。本處同人。未爲曲突徙薪之謀。殊爲缺憾矣。茲除將崩坍情形。沉陷土方數量。及當時攝影等呈報省方請示外。擬具善後方法如下。（1）閘基既發見沙層。於閘身穩固問題。較爲樂觀。茲爲避免岸坡崩坍計。決用一比三坡度爲岸坡。岸上堆土亦同。（2）東岸坡脚先打木樁一排將來可作爲東閘座最外一排底樁之用。（經費在原預算範圍之內）無須額外耗費。然後加打坡腰下木樁一排。以資穩固。（3）西岸相地勢打木樁二排。以承坍土。然後挖去閘基內散土。俾可打西閘座之底樁。（4）所有坍土。應盡量運至土堆後方。以減土壓。（5）閘基南北岸。係將來裁灣取直之新江。本當開掘。現所崩坍之少量土方經費。原在預算範圍以內。（6）如天氣晴和。擬在廢歷年內將東岸坡脚坡腰之木樁打竣。西岸防坍木樁二排。亦相繼畢工。閘基內散土。可挖去十九。待廢歷新正。即可繼續閘基打樁工程矣。（7）打樁期間。同人當切實研究閘基地質。詳爲記載。俾請海內外高明共同討論。茲當變故之後。不無多生巷議。同人等惕勵之餘。爰將過去情形及善後方法。臚列陳明。諸祈諒察以待明教。

西江閘工程處主任工程師胡步川謹啓 一月廿五日

爲西江閘基土坡崩坍事敬告黃巖縣政府水利委員會諸先生暨全縣民衆書

竊聞非常之舉。黎民所懼。樂成圖始。自古明言。若事至中途。而遭意外之損失。爲工程進行之障。然盤根錯節之既過。或有開明之一日。故古人以失敗爲成功之母也。遠處姑不論。兹將川所親身經歷者。敬爲諸先生言之。天津華北水利委員會。蘇莊洩水閘二十八洞。閘全二百三十八公尺·共用工費銀一百五十二萬三千四百十一元。當工程進行期中。若土崩水冲基陷等損失。已至八次之多。而最後之損失。竟將已成之洋灰閘底冲毁。及閘底下之井基沉陷無蹤。事後用炸藥轟去一部分洋灰閘底。始能補做新工。以抵於成。隴海鉄路西段觀音堂山洞土坡做成。鉄路業已鋪軌。然經雷雨。土坡全坍。鉄軌埋於九丈深土之下。後經開掘補做石穹二十餘個。承担土壓力。方得安全。南京中山陵。依山爲基。砌巨石爲護牆。用洋灰膠合。然後塡土石爲平地。及土既塡平牆則倒去九十五公尺之高。後以加厚牆身。修復完竣凡此種種。均爲設計時所不及料。故未作預防工程。事後補救。始得安全者。此次西江閘基土坡之崩坍。亦難逃此例。當閘基掘至地平下一公尺許。發見瓦礫木椿亂石等類。及至二公尺以下。純屬膠土。不易崩坍滲漏。吾人正欣基址之得所。乃至五公尺以下。始發見膠土中雜細沙地層。然岸坡仍無陷落徵象。同人曾作詳細之研究。則以建築工程全書一百四十三頁。有土層荷重力表。載明膠土層之荷重力。每平方英尺爲一噸。膠土及沙之混合層。每平方英尺爲一噸半。而純沙層。則每平方英尺爲三噸。則知沙之荷重力。較膠土爲强。可增加閘身之穩固率。惟沙之黏結力較小則由工程全書二百五十六頁之土層黏結力表中。知沙之安全坡度爲一比一·五。而膠土雜沙之安全坡度。爲一比一·三。又沙坡之安全角。爲三十三度四十一分。而膠土新沙坡之安全角。爲三十六度五十三分。則知沙之黏結力。較膠土爲弱。或有岸坡崩坍之虞。本處閘基挖至預定高度之時。方發見沙層。然此時卽可打閘基底椿。以固基址。[illegible]

西江闸工程记略

（台州市黄岩区档案馆藏）

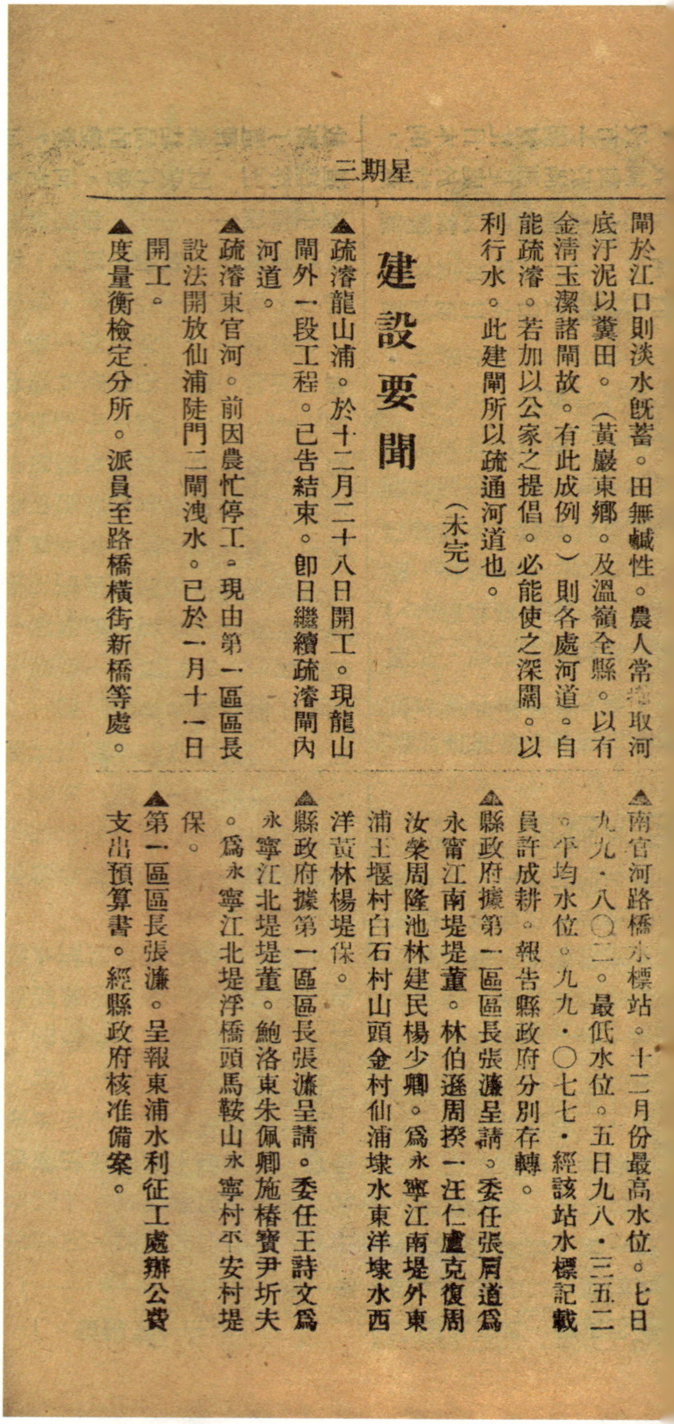

星期三

閘於江口則淡水既蓄。田無鹹性。農人常掘取河底汙泥以糞田。（黃巖東鄉。及溫嶺全縣。以有金清玉潔諸閘故。有此成例。）則各處河道。自能疏濬。若加以公家之提倡。必能使之深闊。以利行水。此建閘所以疏通河道也。

（未完）

建設要聞

▲疏濬龍山浦。於十二月二十八日開工。現龍山閘外一段工程。已告結束。卽日繼續疏濬閘內河道。

▲疏濬東官河。前因農忙停工。現由第一區區長設法開放仙浦陡門二閘洩水。已於一月十一日開工。

▲度量衡檢定分所。派員至路橋橫街新橋等處。

▲南官河路橋水標站。十二月份最高水位。七日九九・八〇二。最低水位。五日九八・三五二。平均水位。九九・〇七七・經該站水標記載員許成耕。報告縣政府分別存轉。

▲縣政府據第一區區長張濂呈請。委任張肩道爲永寗江南堤堤董。林伯遜周揆一汪仁盧克復周汝棨周隆池林建民楊少卿。爲永寧江南堤外東浦王堰村白石村山頭金村仙浦埭水東洋埭水西洋黃林楊堤保。

▲縣政府據第一區區長張濂呈請。委任王詩文爲永寧江北堤堤董。鮑洛東朱佩卿施椿寶尹圻夫。爲永寧江北堤浮橋頭馬鞍山永寧村平安村堤保。

▲第一區區長張濂。呈報東浦水利征工處辦公費支出預算書。經縣政府核准備案。

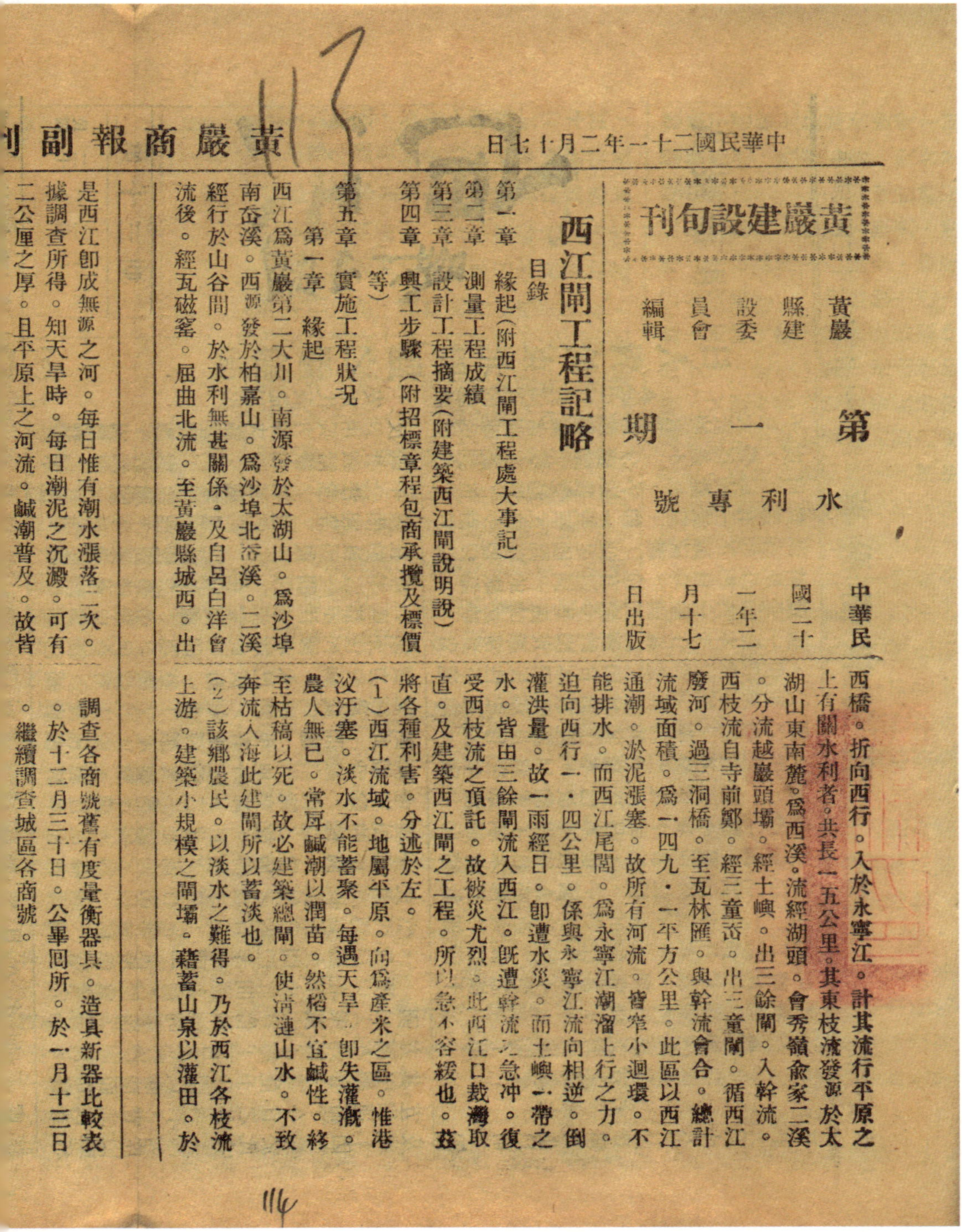

黃巖商報副刊　中華民國二十一年二月十七日

黃巖建設旬刊
黃巖縣建設委員會編輯
第一期
水利專號
中華民國二十一年二月十七日出版

西江閘工程記略

目錄

第一章　緣起

西江爲黃巖第二大川。南源發於太湖山。爲沙埠南岙溪。西源發於柏嘉山。爲沙埠北岙溪。二溪經行於山谷間。於水利無甚關係。及自呂白洋會流後。經瓦磁窰。屈曲北流。至黃巖縣城西。出西橋。折向西行。入於永寧江。計其流行平原之上有關水利者。共長一五公里。其東枝流發源於太湖山東南麓。爲西溪。流經湖頭。會秀嶺俞家二溪。分流越巖頭壩。經士嶼。出三餘閘。入幹流。西枝流自寺前鄭。經三童岙。出三童閘。循西江廢河。過三洞橋。至瓦林匯。與幹流會合。總計流域面積。爲一四九・一平方公里。此區以西江通潮。淤泥漲塞。故所有河流。皆窄小迴環。不能排水。而西江尾閭。爲永寧江潮溜上行之力。倒迫向西行一・四公里。係與永寧江流向相逆。倒灌洪量。故一雨經日。卽遭水災。而士嶼一帶之水。皆由三餘閘流入西江。既遭幹流之急冲。復受西枝流之頂託。故被災尤烈。此西江口裁灣取直。及建築西江閘之工程。所以急不容緩也。茲將各種利害。分述於左。

（1）西江流域。地屬平原。向爲產米之區。惟港汊汙塞。淡水不能蓄聚。每遇天旱。卽失灌溉。農人無已。常戽鹹潮以潤苗。然稻不宜鹹性。終至枯槁以死。故必建築總閘。使淸漣山水。不致奔流入海此建閘所以蓄淡也。

（2）該鄉農民。以淡水之難得。乃於西江各枝流上游。建築小規模之閘壩。藉蓄山泉以灌田。於是西江卽成無源之河。每日惟有潮水漲落二次。據調查所得。知天旱時。每日潮泥之沉澱。可有二公厘之厚。且平原上之河流。鹹潮普及。故皆

調查各商號舊有度量衡器具。造具新器比較表。於十二月三十日。公畢回所。於一月十三日。繼續調查城區各商號。

商報副刊　星期六

也。

（7）城北郭外。濱江背城。交通頗便。然多屬殘棺荒塚。漫無倫次。有礙城市觀瞻及市民衛生。現裁灣取直處之棺塚。或專闢義園。以安枯骨。將來閘工告成。此區又爲內河外江之衝途。必輻湊商業。成爲市場。而裁灣取直後。西江故道廣輪百餘畝。轉瞬卽成良田美地。極宜栽桔。此建閘所以興市場而漲新地也。

以上各端。僅舉其犖犖大者。然信筆書意。不覺滿幅。此西江閘工程。實爲邑計民生當務之急。此西江閘工程處。所以應時勢之需要。而成立也。茲將該處大事記。附錄于後。

附西江閘工程處大事記

民國十八年九月二十四日。省政府委員會議決。帶征疏濬西江及南官河。並建築水閘經費辦法。十月二十一日。財政建設兩廳會令黃巖縣政府。以該縣西江及南官河水利。業經本廳會同擬具籌欵辦法。經議決照辦。已令浙江省水利局。派員測量規劃。仰卽遵照辦理。

民國十九年五月二十六日。黃巖縣水利委員會成立。五月三十日。水利委員會議定帶征水利經費範圍。六月六日。呈報遵辦帶征水利經費情形。並布告實行帶征水利經費。

（未完）

建設要聞

▲縣政府據第三區區長袁龐均呈請。委任王位三羅秀南。爲鮑浦倉海堤堤董。羅永山羅高慶應良積應仲和應毘三妹羅平甫王土阮德周羅啓土王叔文等。爲鮑浦倉一二三四五六七八九十等甲海堤堤保。黃輔臣吳季聰爲正鑑倉海堤堤董。陳品齋李斐然梁章甫洪雨亭沈頤甫葉仲泉楊梅頭吳學棠徐慶甫俞春甫等。爲正鑑倉一二三四五六七八九十等甲海堤堤保。

▲縣政府布告清溪村民衆。以據該村公民楊叔東呈請。疏濬溪流。修復崩坎等情。查疏濬溪流。修築堤坎。以防水災。實爲民生要舉。凡屬該地居民。分當共同經營。該公民不惜犧牲金錢。獨力認辦。熱心公益。殊堪嘉許。除批示外。合行布告週知云云。

▲第一區區長張濂呈稱。據西范村委員會呈請。疏濬該村河道。請派員勘扞。並布告週知。縣政府指令該區長會同建設科長。約期前往勘扞。並隨發布告二十張。

中華民國二十一年二月廿七日

黃巖建設旬刊

黃巖縣建設委員會編輯

第二期

水利專號

中華民國二十一年二月廿七日出版

西江閘工程記略【續】

胡步川

(3)西江下游。與永寧江相逆。既如上述。每年永寧江漲水。則倒灌入西江。兩江同時並漲。則永寧江以五倍之流量。亦必能遏西江之去路。而三餘清混等小閘。既受閘外河流頂託之害。復爲閘內本流行水之障。故必鑿斷夏家洋。建築總閘。減短水程一·四公里。使與永寧江順流而東。復拆除南門清混等閘。使河道四通八達。并劃一橫斷面。絕去障礙頂託之病。設置水標站。斟酌

外之米篩井梅花井桃花潭等處。挑入城中爲飲料。及天旱潭乾。卽不可得。城中舊有縣河。藉以流動穢水。供給洗濯。前縣令孫熹等。相繼疏濬。一時便利。民到于今稱之。然江口無閘。致潮泥積聚。旋濬旋淤。現河底幾與平原等平。其較深處。亦僅爲穢水會集之所。當春夏之交。止水腐化。臭不可聞。實爲傳染病之媒介。故非西江建閘。堵截潮流。決無一勞永逸之善法。此建閘所以供給全城飲料。及清潔市場也。

(5)黃巖西鄉。盛產竹木。東南鄉產米。濱海產魚鹽。沿江各地。則產桔。竹木須運至路橋溫嶺等處售銷。米及魚鹽。流通各處。而桔則先聚集于縣城。以分運滬杭各地。此種產物。極爲笨重。陸路交通。全憑肩挑。甚感不便。水道淤塞。往返爲艱。若建閘西江。疏通西官河。拆除各處小閘壩。俾西鄉竹木。加速運輸。而溫嶺海門之小汽船。可直達縣城。則利普矣。此建閘所以利交通也。

道線水準。及橫斷面。
十二月一日。路橋水標站開始記載。
五日。測量隊移駐下陳。測鮑浦閘址形勢平面圖。
十一日。西江閘初次設計圖完成。開始作設計工程報告書。
二十六日。測量隊移駐新瀆。測黃溫兩縣貫連河道之道線水準及橫斷面。
民國二十年一月七日。西江閘第一次設計報告書告竣。開始估計工料價。
二十五日。西江閘工程工料價估計畢。開始作該閘建築說明書。
二十六日。測量隊返黃巖縣。開始製測量圖表。
二月一日。蔡佐理工程師請假回陝西原藉。
十六日。西江閘建築說明書完成。(未完)

建設要聞

光先解答迭王政鳳陶英增郭林桂爲沙北倉第一二三四五六七八九十甲海堤堤保。朱妙奎爲沙南倉海堤堤董。陳孟福王香土阮渠齋朱天送阮玉坤施培鑑阮孟福周示金方興漢邱宮德爲沙南倉一二三四五六七八九十甲海堤堤保。

▲縣政府據縣立苗圃管理員呈請。轉飭縣公安局。派警會同方山下村村長。責令黃澤公路沿綫各閭鄰長。及毗連佃農。協力密查燒燬該路行道樹正犯。嚴懲以儆效尤。經令飭公安局長遵辦具報。

▲縣政府奉發職業介紹所暫行辦法。分令農工商各會一體知照。

▲籌備修築海塘於二月十九日。江縣長章科長至楊府廟。召集沿海各堤

塘外新塘內塘河。均由各坦戶征工修濬。惟對於正鑑鮑浦之五塘。及沙南沙北之六塘。應行加高增闊部分。係爲防止東南沙岡以下全部農田洪潮浸沒起見。擬就帶征修濬南官河及貼補金清閘存欵項下移墊。就沿海四倉塲田。自本年份起每畝帶征銀六分。分年歸墊。於廿二日。提交水利委員會第十三次臨時會議決照准。即日電省核示。並委任楊士宜陳玉堂阮德久阮達三朱天送王位三吳覺初黃輔臣沈象九梁厚甫等十人爲塘工籌備委員。組織塘工籌備委員會。定於三月五日。就縣政府水利委員會。召開成立會。

黃巖建設旬刊

黃巖縣建設委員會編輯

第三期

水利專號

中華民國二十一年三月八日出版

西江閘工程記略

胡步川【續】

附西江閘工程處大事記

十二日。省水利局令工程師胡步川。以黃巖西江測量。業派佐理工程師王家藩率測夫三名前來。着就近指導測量設計事宜。

十七日。王佐理工程師自省來新河溫嶺水利工程處。并攜水利局周局長手書。囑指導進行測量設計各事。

十九日。胡工程師王佐理工程師。自新河赴黃巖。當與縣長孫崇夏建設科長章育相見。知黃巖水利經費已經照案帶征。急需進行西江水利工程。

二十日。章科長胡工程師王佐理工程師。查勘西江下游各水道情形。并擇定西橋及北門寧台碼頭二處。設立水標站。以測量西江及永寧江水位。

二十一日。胡工程師作查勘報告。并擬定測量程序呈省。

二十三日。孫縣長章科長胡工程師會商。調派溫嶺水利工程處佐理工程師蔡紹仲。工程員陳亘潢來黃。襄助測量。

二十五日。蔡佐理工程師陳工程員。自新河赴黃巖。測量隊正式成立。開始測量西江幹流之道線水準。及橫斷面。

七月十五日。測量隊移駐羽村。測量西江中游。

八月二十五日。水利委員會議定水利經費保管支用辦法。並推舉鮑剛克爲保管專員。

三十日。開始測量西江西枝流。及永寧江之道線水準。並橫斷面。

九月六日。五洞橋水標站。及瓦林匯水標站。開始記載。

十日。開始測量夏家洋西江閘址形勢平面圖。

十一日。王佐理工程師辭職。省水利局派工程員沈炎來黃巖。代理職務。

二十一日。胡工程師開始設計西江閘工程。北門水標站開始記載。

三十日。建設廳令發西江及南官河測量預算書。

十月十四日。西江縱橫斷面圖。測繪完成。

十七日西江閘址形勢平面圖測繪完成

十八日。測量隊移駐十里舖。測量南官河。及土嶼梁湖橋等處河道之道線水準。及橫斷面。

十九日。章科長胡工程師蔡佐理工程師等。赴店頭前後宅土嶼等處。勘察水道形勢。

二十三日。黃巖縣政府開第一次行政會議。陳列本處測量圖表等。以供衆覽。

二十四日。第一屆縣行政會議議決。疏濬西官河。並接引永寧江水流。灌注東南。以防旱患。及疏濬青龍浦十八匯。開鑿梁胡橋至瓦林渡新浦。以洩南鄉積潦各議案。

二十五日。沈工程員辭職返杭。

黃巖商報副刊

中華民國廿一年三月八日 星期二

黃巖商報副刊

中華民國廿一年三月十八日　星期五

八月二日。水利委員會開會。通過第二次西江閘設計招標章程。承攬底稿。及建築西江閘說明書等。

十日。西江閘工程處標購松椿。與馮益記訂立承攬。

十四日。水利委員會通過黃巖水利工程處組織章程。及預算等。并重舉定朱劼丞盧孚信。爲監標委員。

九月十日。章科長陳佐理工程師持水利委員會公函赴新河。催胡工程師重赴滬。將西江閘工程招標。以期提早興工。

十月二日。胡工程師動身赴滬招標。并會同監標委員朱劼丞盧孚信。共商一切。

五日。商借中國科學社爲招標地點。

九日。西江閘工程招標廣告。開始登于申新二報。

二十日。西江閘工程招標事。于是日上午十時。在中國科學社。當衆開標。監標委員盧孚信。及朱　丞代表朱若芹。到場監視。并共商核算各家標價。

二十一日。公佈滬商趙連啓。以最低標價九萬七千七百十元得標。

二十三日。台商王孟登。願將標價自十一萬三千四百五十五元。減至九萬七千六百四十一元。盧監標委員胡工程師。在公潤號。共商退去趙連啓之標。而使王孟登得標。

二十五日。在科學社開會。滬商趙連啓。情願退標。領還投標保證金五千元。

二十六日。胡工程師自滬返黃巖。

三十日。水利委員會開會。議決與王孟登訂立各種承攬。并將挖閘基土工收回自辦。

十一月十二日。西江閘開工。西江閘工程處正式成立。

（未完）

建設要聞

▲縣政府前據東南八十一村代表黃猷等。呈爲新金清閘地址。妨礙下塘港市場。及五豐河清閘出水。聯名反對。當卽據情呈請建設廳派員。會同溫嶺水利工程處查勘補救。務使水利商務。兼籌並顧。經建設廳派員技正朱重光。於二月廿三日來黃。黃溫兩縣。均派建設科長會同查勘。現經決定建閘拉薩匯。由朱委員呈復核辦。

▲修築沙北沙南兩倉六塘。正鑑鮑浦兩倉外塘一案。經塘工籌備委員會議決。分二期建築。第一期於三月十六日開工。至四月十五日完竣。規定高度一丈四尺。頂闊八尺。底闊四丈七尺。西面在高度一丈以上。築二尺闊路徑一條。兼作海防堡壘。並組織塘工委員會。及沙北沙南鮑浦正鑒各倉塘工工程處。委任人員。積極進行。第二期於秋收後開工。至冬季完成。規定高度一丈六尺。頂闊七尺二寸。底闊五丈其尺度均以魯班尺爲準。

▲本屆植樹節。擇定唐門山爲造林場。是日赴場植樹者。各機關各團體各學校代表　。及城廂民衆千餘人

黃巖建設旬刊
黃巖縣建設委員會編輯
第四期
水利專號
中華民國二十一年三月十八日出版

西江閘工程記略

胡步川

附西江閘工程處大事記

二十一日。胡工程師以水利委員會議決。攜帶西江閘測量設計圖表。及各項報告書等赴省。請水利局白郎都總工程師核定。轉呈建設廳批准。就便赴滬。將西江閘工程招標興工。由監標委員朱劼丞。監督進行。

二十七日。胡工程師抵省。至建設廳水利局各處。接洽工程事宜。

三月三日。孫縣長胡工程師同至省政府建設廳及水利局。請從速核定西江閘工程。以便提早動工。

二十九日。關於西江閘各項測量圖表。經水利局指示重繪及補繪者。皆已預備齊全。重呈水利局。

四月三日。章科長胡工程師同赴水利局。商核定西江閘設計事。

四日。測量隊開始測量西官河。及城內河道之導線水準。及橫斷面。

十六日。胡工程師以白郎都總工程師請病假。不能接洽工程等事。乃至南京導淮委員會。爲第二次西江閘設計。

五月一日。水利局委任陳立藎爲本處佐理工程師。

十七日。胡工程師以第二次西江閘設計告竣。攜設計草圖等事。返杭州。

二十一日。開始墨繪第二次西江閘設計圖。

二十七日。作第二次西江閘設計說明書。

六日。關于西江閘各項圖表說明書及計算書等。檢齊分類。用正式公文。呈水利局。

十一日。西江閘估計表改正完成。

二十六日。西江閘設計圖表等。經白郎都總工程師核定簽字。

七月七日。西江閘設計圖表等。由水利局呈建設廳。

十五日。胡工程師以杭州公畢。赴滬。准水利委員會議決案。爲西江閘工程招標。以期提早興工。

十六日。西江閘設計圖表等付藍印。以備分發各包商。并商借上海市工務局。爲招標地點。

二十日。胡工程師接到水利委員會電招。先返黃洽商一切。

河幹流、東南行、經路橋澤國至橫峯橋、接金清港道線、爲一線、共長三四・七〇五公里、

【六】自十里舖柳橋香積寺大門起測、南向至梁湖橋、爲一線、共長四、四三九一公里、

【七】自十里舖梅橋起測、南向至土嶼、爲一線、共長一、四一七七公里。

【八】自路橋下洋殿涇口起測、東行循鮑浦、經石柱殿、至東海濱、爲一線、共長一三、九七二七公里、

【九】自唐橋起測、東北行、至十字涇、爲一線、共長二、三三三六公里、

【十】自十里舖沿臨湖官河、至鑑洋湖洋橋、爲一線、共長九、五公里、

【十一】自　洋橋順流至三水涇口、爲一線、共長一一公里、

南官河北叚、穿城至裏東浦、爲一線、共長一、七公里、【未完】

建設要聞

▲修築梅鼓路（自十里舖至土嶼）縣道支綫一案、前經建設委員會議決、經縣政府令飭第五區區長籌備進行、並報省核示、玆奉建設廳指令照准、縣政府奉令後、卽令催第五區區長從速籌辦、務於春耕前、將路基建築完成、

▲南官河路橋水標站二月份最高水位爲九八・九六二、最低水位爲九八・二九二、最高期間爲十一日上午八時、最低期間爲二三兩日、

▲縣城二月份氣溫、最高爲七五度、最低爲二八度、最高期間爲二日、最低期間爲十八日、

▲縣政府雨量站記載員報告二月份下

、由蓮花村及下浦橋村、於本月中旬、先後徵工修濬、

▲東官河入江支流東浦、淤塞殆盡、曾由第一區區長召集利害關係各村里、組織徵工處、於一月間開始疏濬、至本月十三日、完全告竣、

▲縣政府前據縣立苗圃呈報本年育成馬尾松・黑松・扁柏・側柏・檜・羅漢松・棕櫚・銀杏・楝・中國槐・洋槐・合歡・黃金樹・麻櫟・栗・油茶・三年桐・皂莢・烏桕・無患子・拐棗・重陽木・黃檀・梧桐・山赤楊・雪柳・女貞・冬青・魯桑・枸橘・早熟桃・水密桃・毛桃等苗木、共一一五六七〇株、除留供植造縣有林、及黃澤路椒等公路行道樹外、請卽分令各機關各團體各學校、並布告人民繳價領種、聞縣政府已准照辦、分令並布告週知矣。

黃巖建設旬刊
第五期 水利專號
中華民國二十一年三月廿八日出版
黃巖縣建設委員會編輯

西江閘工程記略【續】

胡步川

附西江閘工程處大事記

十五日、西江閘工程處、遷移至西江別墅、以便監工、

十二月十三日、西江閘收用田畝徵收審查委員會組織成立、開會議定建築西江閘及開港收用田畝地價、並貼補堆土所受損失費、及移橘遷葬損失費、

十四日、水利委員會議定、請西江閘工程處、提前計劃疏濬西官河、俾西江閘築成後、即可運輸竹木米鹽、免礙交通、

同日、水利委員會開會、議定西江裁灣取直後、所有廢江漲地、及西南岸大片漲沙、撥作西江閘善後經費。永遠收取租息養閘、不准人民報領、及任何機關團體、賣充民有案、

十七日、西江裁灣取直之新江及堆土用地、淸丈詳圖、測繪完竣、

二十四日、挖閘基土工、以虧本故、將于明日總罷工、本處招全體工人訓話、

二十六日、開始設計南官河疏濬工程、

二十九日、章科長建議、以同江縣長赴沿海查勘海塘、就便考察鮑浦建閘問題、商改鮑浦建閘設計、並擬改建五豐閘、增加二孔、以利排洩、

三十一日、本處以國難當前、決定新年不放假、

民國二十一年一月二日、胡工程師開始編西江閘工程記略、

八日、水利委員會議決、津貼挖閘基土工等案、

第二章 測量工程成績

水利建設、係千秋事業、關係民生至巨、實非通盤籌劃不爲功、故長江大河、流經若干省者、當以若干省爲目標、其次流經若干縣者、當以若干縣爲目標、即一鄉中之較少江河、流經若干村、及有關係若干村者、亦必將若干村之地形高低、統籌兼顧、勿使以鄰爲壑、利此而損彼爲得、故西江建閘工程、首重測量、茲將各項成績、分述于後、

（甲）道線測量　各道線、皆以經緯儀用直接角法、測其方向、往返測二次、游標細讀至二十秒、其距離以經緯儀讀距法測之、亦反復讀二次、每隔三百公尺左右、設置石樁、爲永久標誌、幷帶測其方向、及距離、繪爲圖幅、列號備查、

【一】自西江口基點起測、循西江幹河、上至宮莊、爲一線。共長一二、〇四一公里。

【二】自下林匯起測、循西江東枝河（即西河）、經三餘閘、至土嶼、爲一線共長三・〇三二公里、

【三】自下林匯起測、循西江西枝河、經三洞橋、至三童閘上、爲一線、共長四・〇六九公里。

【四】自西江口起測、沿永寧江東下、

（未完）

118

黃巖商報副刊
中華民國廿一年三月廿八日 星期一

1929年至1934年胡步川在浙江兴修水利期间所作部分诗词

1929年

陇海车中乘雪三首

雪满关山猛着鞭，中原如粉白无边。
愁肠千结难消遣，竭意消愁愁更添。

阴云渐散见阳光，大地琼瑶吐白芒。
也许天怜劳瘁客，故教迷路达康庄。

廿年浪迹苦奔波，求学求名究为何？
死别生离回想处，不禁涕泗一滂沱[1]。

1. 自一九一七年至南京读书至此，家中祖母、伯母、父亲、嫂、（前）妻、女，相继逝去。又自一九一二年离家至临海读书起算，近二十年了。

陇海车雪月

雪月集清光，车行掠旷野。
微风逐浮云，客子忧心写。
惟念世事纷，谁为胜败者。
黑白一局棋，得失几人知。
万物本无情，何必徒自痴。
相彼不系舟，中流任所之。
委怀以顺化，聊以减忧思。

沪宁车中三首

一雪兼旬始放晴，江南是处放风筝。
兜风脱线儿时乐，此刻回思百感生。

麦舟义举有同情，每过丹阳忆曼卿。
此愿不知何日偿，为霖为雨惠苍生。

镇江风景东南冠，雪后江山更好看。
湖镜返光山映白，楼台倒影水流丹。

津浦路归车将筹划台州水利[1]

一事无成意感伤，十年飘泊历星霜。
愿违身瘁雄心短，母老家贫旅梦长。
河北风寒烦作客，江南草长好还乡。
平生事业休嫌小，尺寸收功仗力行。

1. 时辞华北水利委员会正工程师职，决意去台州建筑西江及金清二闸。

沪宁车中寄素芬南京

中秋节过又中和，两度分离别感多。
事与愿违徒愤慨，心为形役苦奔波。
消沉勇进心交战，岁尾年头命折磨。
此去家乡应努力，千秋事业莫蹉跎。

舟出黄浦

自沪赴台州。

中秋达中和，两次出黄浦。
中间一百七十日，江南冀北仆仆风尘苦。
黄河南北朔风寒，陕洛郑汴逐尘土。
冰天雪地走金陵，三到姑苏救侄仍无补。
昏暮乞人怜，清晨叩人户。
有事求人始觉难，百计千思多碍阻。
身倦心忧又疾病，大道当前若无睹。
年头岁尾集百忧，自制一联挽千古。
一息尚存到新年，自誓自新猛着鞭。
两次走杭州，甘应桑梓求。
河北挂冠，台峤来游。
事小或轻而易举，素愿或可以少酬。
成败利钝，尺剑恩仇，皆置不顾，我行其休[1]。

1.（民国）十七年除夕大病，自挽联：母难抛，兄难抛，妻难抛，子难抛，一生事业更难抛，生固所欲；俭做到，勤做到，慎做到，劳做到，半世遨游也做到，死亦如归。又一九五三年二月除夕病中改自挽联：诗难抛，书难抛，文难抛，画难抛，人民事业更难抛，生固所欲；勤做些，俭做些，慎做些，劳做些，西北水利亦做些，死亦如归。
自评：自上海去台州，进行闸工，凡事草创，心身极苦。又决意自我牺牲，为故乡人民节省工程费，固二闸工程自测量而设计至工程，以一人当之。当时热情所至，不觉过劳。

横湖舟中口占五首[1]

自海门赴黄岩温岭二县，筹建新金清闸及西江闸。

前度刘郎今又来，麦须破茎菜花开。
绿波碧草仍畴昔，裘葛惊心十四回。

芳郊夹水百花洲，暖日熏风一叶舟。
船驶岸移山后退，横湖到处可遨游。

南风鼓浪阻行舟，舟子呼天怨不休。
坎止流行原有数，委怀顺化可忘忧。

石妇奇峰见昏暮，喜心翻倒到方城。
深更江上归帆尽，明月中天水色清。

文公六闸为陈迹，民到于今颂大名。
我亦临风频怀想，当年霖雨惠苍生。

1. 编者注：原诗题为“自海门赴黄岩温岭二县，筹建新金清闸及西江闸，横湖舟中口占五首”。

自新河重赴温岭横湖舟中喜雨三首

天旱河干船阻行，浆田无水麦难精。
望云此日堪明眼，一片欢呼欲雨声。

沿河两岸桔槔鸣，一叶中流欸乃声。
卒听萧萧篷背响，雨声错杂水盈盈。

农夫雨里仍车水，田妇忙忙送笠蓑。
我启篷窗看雨点，喜心不禁发狂歌。

赴临海下涂勘坝冒雨返城[1]

勘坝归来逢急雨，泥行捷足为娇儿。
如何一病连旬日，长使劳人系苦思。
北固苍苍云漠漠，南山郁郁雨丝丝。
家乡风景良堪慰，满腹愁怀付托之。

1. 时素与滨已自南京归台州，滨病，予至家看之。不料随即死去，为予生平最苦之境遇，而闸工又正忙之时。

十八年七月剧病月稍大风雨

予所居新河蜗庐为之震动，有感[1]。

风雨敲窗急，三更惊短眠。
一双病里眼，瞠扎到明天。
岁月如流电，生涯似破船。
急须修理好，鼓棹过深渊。

1. 金清闸正测量设计忙极，忙极又吐血了。力不从心，心情极苦。

养病西湖至中秋前三日少愈游黄龙洞摄影

病愈新寻洞府游，偶留指爪志龙湫[1]。
为霖为雨平生志，不死还须努力求[2]。

1. 摄影于洞侧，为瀑布之下。
2. 病实未愈，而自以为愈，仍返工地，完成新金清闸设计工作，准备施工。于是闸工与病情分不开了。时黄岩西江闸又须兴工，我的工作更忙。

1930 年

岁暮新河归途口占

温黄连坦道，往返并舟车。
处处河渠网，家家水竹居。
平原饶稻麦，傍海产盐鱼。
岁暮如无匪，农闲乐有余。

寒食节前黄岩路上遇雨

水陆舟车兴不孤，雨丝风片送归途。
清明路上行人少，山水迷云若有无。

清明前一日椒江归棹四首

楼船椒浦驶崇山，万壑千峰四面环。
最是马头山矗立，凌空直上白云间。

清明作客屡思家，汉水东归独鸟嗟。
七载还山方偿愿，无涯岁月逐生涯[1]。

满船名利满船嚣，仆仆征夫暮复朝。
山草山花何静寂，椒江之水亦萧萧。

巾峰塔影两巍峨，江厦千间映绿波。
柱脚架空成泛宅，崇山插水拟青螺。

1. 七年前，自汉中驾片帆东下，预计清明可到家；船沉，乃由子午谷返长安，至今始偿夙愿。

自海门经黄岩赴新河工次
路上书所见

暮春天气雨初晴，麦浪随风送我行。
浅岸青青摇柳色，原田漠漠闹蛙声。
好山好水穷游日，江草江花竞美情。
一载新河劳汗血，闸工尚未动金清。

于陈薰甫处见题石妇人诗次韵

封侯万里教亲夫，百丈岩头泪欲枯[1]。
玉立临风怀方石[2]，凝妆倒影入横湖[3]。
容颜未改青春色，节操不随流俗污。
阅尽沧桑经世故，冰霜浸润好肌肤。

---

1. 石妇人在百丈岩之上。
2. 方岩在其西。
3. 横湖在其下。

温岭水利工程处一周年记感

民国十九年四月二十一日，时值谷雨。

工次一周年，恰巧逢谷雨。
有雨方有谷，农夫口头语。
此邦在水乡，雨反害场圃。
一雨连三日，高田不见土。
淹没动兼旬，掘塘仅少补。
庐舍飘流后，五谷尽朽腐。
每年夏秋间，淫雨不可数。
洪水浩滔天，农夫畏如虎。
水退修墙屋，无粮只空肚。
壮者铤走险，去入盗匪伍。
老弱转沟壑，命不绝如缕。
水匪两相成，贫民何太苦。
忆昔赵宋时，此邦本斥卤。
朱子筑六闸，蓄淡御潮侮。
平原足稻粱，到处为乐土。
沧海变桑田，生今不反古。
六闸尽埋没，无处寻基础。
亦有继作者，琅岙一砥柱[1]。

1. 琅岙闸。

金清玉洁闸，云缵禹之绪。
海涨闸失修，港底高如堵。
闸门久渗漏，淡水不能聚。
咸潮既倒灌，排洪又碍阻。
官民爰相商，急欲固吾圉。
陵谷虽改易，岂不可步武。
科学日昌明，或可超初祖。
凡事在人谋，天助仍自辅。
我辞华北来，肩负此盛举。
原有此夙愿，饥溺思大禹。
国乱建设难，此志谁期许。
若收尺寸功，亦可光吾侣。
维此桑与梓，不陟屺及岵。
更当竭吾力，并日谋建树。
询工四走杭，购机两至沪。
测绘与计划，勇气何鼓舞。
疏浚早施工，日夕染污土。
中间虽遭病，亦不觉其苦。
一年劳汗血，成绩尚不负。
设计已成功，施工定程序。
奈何值凶年，筹款不能普。
无米巧难炊，实施不易睹。

微闻欠捐者，尚属各大户。
大户钱田多，不肯拔一羽。
平民反输将，名登征收簿。
集腋难成裘，徒增乡闾苦。
安得有人心，大刀兼阔斧。
忍痛在须臾，成功惊聋瞽。
不然劳无功，后灾君记取。
水利变作害，急早偃旗鼓。
兹当一周年，百感集肺腑。

游长屿石仓诸洞

峭壁重扉复道通，人工到底胜天工。
千锤万凿痕齐整，石作穹庐水映空[1]。

1. 各洞以起运石料故，均有重门复道，蓄水为池，仰天成井，架木为梁，悬桥渡空等胜。

立夏日登望云山

新河城东北角，一小山无名，拟锡为望云。

今朝春老去，忙里一登山。
四野青苗静，千山翠黛闲。
金清[1]明若镜，白果[2]碧如斑。
他日望云处，孤亭缥缈间[3]。

1. 金清港名。
2. 岛名。
3. 拟作一亭于兹山，曰望云。

郊行即事

六闸劳工罢，水田照影归。
艳阳光已热，春草绿初肥。
麦熟香生陇，农忙体却衣。
耦耕吾甚乐，欲去尚依依。

新河城头之一

朝上城头，暮上城头。
麦黄麦绿，迎我双眸。
莺莺燕燕，巧转歌喉。
水田漠漠，春树油油。
远山覆云，静水行舟。
农夫耕稼，童稚牵牛。
晚霞晨曦，凉风飕飕。
凭高一啸，足以消愁。

新河城头之二

朝上城头，暮上城头。
萋萋茂草，覆于道周。
油油稻苗，布满平畴。
晓雾在山，犹见山陬。
顷刻盈野，仅剩长楸。
山巅楸顶，远近若浮。
旭日出海，重雾四收。
荡荡原野，炮垒高楼。

新河城头之三

朝上城头，暮上城头。
露珠缀草，足印双留。
夕阳在山，人影孤舟。
金风送暑，景物清幽。
稻实离离，海水悠悠。
冰轮涌出，一脉银浮。
田平山小，天大星稠。
四顾空阔，以遨以游。

新河城头之四

朝上城头，暮上城头。
冬日可爱，纳诸山丘。
北风不到，抵一羊裘。
晚来云蔽，气亦温柔。
缤纷一夜，雪满渠沟。
早起登城，玉宇琼楼。
东望无际，海天相浮。
西瞻雁荡，不见龙湫。

在温岭县城开水利成绩展览会后

雨中泛舟返新河。

水涨横湖缈接天，雨珠烟影棹归船。
篷窗启处饶清景，绿满山原白满川。

首夏自黄岩返新河道中

迷离夏树护冈峦，坦道东驰陇亩间。
香稻油油烟漠漠，水渠照影走青山。

自海门夜航赴温州过金清港口

参加永嘉建设行政会议。

月夜轮舟过浪玑[1]，剑门港里白沙[2]微。
何年沧海成平陆，三造金清廿八扉。

1. 山名。
2. 山名。

永嘉杂诗十首有序

十九年夏，应浙省府命，自温黄工次赴永嘉，参加行政会议，会罢游览各地，记景。

登永嘉积谷山俯观中山公园四首

积谷山头积谷亭，平原积谷似山形。
去年风水虫灾谷，室罄野空山不灵。

峭壁崔嵬缀一亭，大田水白稻青青。
山下环潭丛碧树，回栏曲槛挂疏棂。

拆垒为园通曲水，堆山作沼建茅亭。
篱笆卍字冬青美，北接中山纪念厅。

少年结队逐浮萍，水面飘游似絜瓶。
泳罢扁舟横夕照，长身玉立好模型。

登华盖山四首

宇宙大观华盖巅，北临瓯海接长天。
群山四绕如拳石，荡荡东南万顷田。

平川沟洫水平流，傍水人家尽画楼。
绕屋桑麻何郁郁，禾苗遍野绿油油。

西向江城十万家，珠帘画栋竞豪华。
夕阳影里炊烟起，为逐东风一片斜。

斜阳返照映江心[1]，岛上青林变碧林。
宛在水中央一撮，小舟如鲫凑清浔。

登永嘉城头看江心寺

瓯江潮退水纹斜，小艇随风傍永嘉。
一抹夕阳双塔影，江心寺树绕汀沙。

晓登华盖山大观亭

晓日涌瓯海，银光遍水湄。
四山何秀丽，五塔益参差。
潮涨江流阔，野平村树卑。
风帆来远近，名利竞晨曦。

1. 寺名。

自温岭城乘轿返新河

万绿丛中白布棚，桔槔声里箏舆行。
满身珠汗农夫苦，静卧舆中百感生。

重游长屿双门洞三首

石上藤萝洞上云，清秋爽气日初曛。
静观云驶藤萝动，白玉盘中翡翠纹。

声传伐石响丁东，四壁回音鼓乐工。
洞口云行倒井底[1]，风头人卧仰穹中[2]。

朝天洞里看虚无，晴雨无常足自娱。
斜日返光明石壁，光前细雨洒珍珠[3]。

1. 洞口朝天，故云倒井。
2. 穹庐仰口，故云仰穹。
3. 雨点洒日光中，衬以碧色岩壁，粒粒发光如珠。

秋雨后自黄岩赴新河

中秋雨后起西风，水辙轻车捷向东。
一路嘉禾齐放穗，黄温此岁预年丰。

游堂岙里道源洞

洞天福地构楼居，兰桂芬芳绕玉除。
石壁岩衣层叠翠，山潭藻鉴泳金鱼。

浴道源洞下石潭

年来病骨叹支离，久负山灵会合期。
此日道源洞下浴，石潭秋水冷生肌。

中秋卧家中东廊下对月感怀

故里中秋月，别来十八年。
四方牛马走，那得玩婵娟。
此夕堪为乐，清光分外圆。
明年复何处，飘泊在人间。

重九前一日自黄岩赴新河

高秋山水绝纤尘，橘绿橙黄满眼新。

最是南郊多喜气，路南路北纳禾人。

住黄岩县政府东楼计划西江闸工程

九峰排闼入楼东，大好秋光造化工。
红树青山互掩映，落霞飞雁驶长空。

登明寺东楼小住即景

卜居新河城，登明寺楼东。
斗室仅容膝，湫隘暗尘封。
我来居年余，卧室兼办公。
出作而入息，方寸尚从容。
佥云宜修饰，辟窗剪疏篷。
阳光两边入，大气三面通。
拂尘展图画，壁上观程工。
更张素帏幕，夜卧于其中。
秋月三五夕，白光来苍穹。
我自梦中觉，睡眼尚蒙眬。
万籁俱静寂，游心于太空。
此时心最乐，恍入水晶宫。
遐想犹未已，佛殿响丁冬。
上方发清磬，下方击鼓钟。
其声清且脆，启聩而发聋。
和光与同尘，老子其犹龙[1]。

1. 时方读老子。

重阳后一周登明寺后园赏菊

僧园暂借赏黄花，身入花丛对日斜。
荒圃莫嫌秋淡泊，高朋喜有兴豪奢。
陈王斗技双杯舞，蟹酒争风一席嘉。
我独临渊为假醉，夜来花睡始归家。

九日独登穹庐山

新河寺前山，予以其名俗，故改今名。

昨日倾盆雨，沟渠涸而盈。
今朝逢九日，日好气澄清。
独上穹庐山，秋光两眼明。
仰观冥冥天，俯瞰新河城。
四顾棋局田，荡荡一何平。
黄云覆陇亩，晚禾好收成。
金清水盈岸，明镜发光莹。
屈曲来自西，六闸中流横。
闸内网鱼船，高架如欃枪。
联珠斗泥艇，吸川若长鲸[1]。
浚河不用力，轧轧闻机声。
闸外回环水，东去接沧瀛。
沧瀛方涨潮，海山如浮萍。
海门见白塔，山势何峥嵘。
西北百千嶂，雁荡莫与京。
挺出而秀拔，余脉向南行。

1. 时工程处新购挖泥机一台。

黄温富庶地，山水又多情。
乐哉观止矣，旷心而怡情。
解衣浴日光，秋阳何昭明。
兹山可落帽，何用龙山名。
清游可乐饥，何必酌兕觥?
不用玄黄马，两足如风轻。
日落下山去，万家灯火生。

陈复初君和花韵诗复次韵

登明九日菊初花，僧去园空日已斜。
寂寞秋容谁赏识，殷勤老友意华奢。
已寻彭泽逢陶令，何必龙山学孟嘉。
卜夜杯盘添座客，相期不醉不归家。

1931 年

与素芬自新河同乘船赴温岭

天暗河冰相对愁，横湖到处冷飕飕。
为谁奔走劳牛马，风雪扁舟逐浪头。

春游山阴道四首

西江、金清二闸设计完成，至杭州请总工程师白郎都核定。而白每日觅小问题为难，久不签字。及予请白给我以计划大意，则为一船闸之一端的单闸门。予批评不可，乃签字，已费时极久矣。

春晴挟侣驾青骢，渡过钱塘折向东。
近水远山皆画意，山阴道上乘长风。

西湖辜负好春光，花落花开底事忙。
此日车行还有意，满郊麦绿菜花黄。

日日杭州工事忙，清明未得返家乡。
徒观古墓封新土，游子心惊一感伤。

越人荡桨手兼足，越水汪洋岸渺漫。
最是河心筑纤路，石梁十里幻奇观。

兰亭路上作二首

偏门西出泛轻艖，碧水连天不见涯。
起伏小山丛茂树，平芜大地缀闲花。

笋舆冉冉步声齐，一路清香绕越溪。
峻岭崇山仍昔日，茂林修竹已芟荑。

游玄武湖 [1]

湖州装点入时新，水浸长堤路绝尘。
红瘦绿肥阴五岛，落花飞絮缀三春。

1. 自杭州至南京请导淮委员会校正金清西江二闸设计工毕。

灵谷观水

昨夜倾盆雨，今晨山涧盈。
临流观滚滚，万木正华清。
新阳出树梢，朝气何欣欣。
好鸟乐枝头，惠我以佳音。
我心悠然去，若与水浮沉。
奔流入沧海，四顾渺无津。
谁云出山浊，汪洋自澄清。

灵谷雨后

雨洗莓苔石径新，深林铺草绿成茵。
小桥箕坐观流水，春服飘零值暮春。

灵谷寺牡丹盛开

刘师梦锡述及去年赏花事，并出名人唱和诗三首，因步原韵。

闻道去年今日宴，群贤觞咏赏花王。
移宫换羽人间世，余韵流风翰墨场。
瞬息花开花凋谢，繁华一代一兴亡。
惜余未与诸仙会，下界奔波无事忙。

汤山道中二首

东出中山[1]树两行，风驰电闪走钟汤[2]。
麦黄麦绿连阡陌，涉谷登陵越远冈。

大地兵戈满眼荒，牛山无木水无光。
温汤泉水虚游乐，国计民生顾未遑。

1. 门名。
2. 路名。

沪杭车中过枫泾二首

二闸设计画图，又携至南京，请导淮委员会为之校定后，再返杭，通过白郎都，始筹备在上海招标兴工。予以地方人急待兴工，并用亩捐筹到的款，故事前予心极急，然欲速反不达。

稻田浆水铺明镜，油菜因风倒翠绒。
最是三江盈岸水，小舟东去逐西风。

京华仆仆已三旬，底事奔忙历苦辛。
幸有山林消积闷，亦无行李累劳人。

游西湖自锦带桥至断桥

白堤夹水覆新荷，荡漾湖光雨后佳。
更喜湖滨横夕照，参差楼阁映苍波。

玛瑙山居大雨

玛瑙山居逢急雨，林声错杂涧声喧。

对山云掩千林碧，隔水人归一伞圆。

为丁任生兄寿忏慧诗人

用悦韵。

石门女史号忏慧，奔走革命典佩帨。
西泠悲秋曾挥涕，急流勇退无濡滞。
闭门却扫为文艺，余韵流风天日丽。
白云苍狗人间世，君不见北邙蔓草没公卿，西湖终古属诗人。

十月十七夜海上逸园看跑狗[1]

围场碧草映银光，标赤标黄众犬狂。
逐兔空期充口腹，争雄竞胜为谁忙？

1. 时在沪为西江闸工招标，住中国科学社。其隔壁为逸园，沪人藉跑狗之名，行赌博之实。

1932 年

三月二十五日游韬光寺

次韬光禅师答白乐天诗原韵。

韬光竹径夹流泉，竹韵泉声静好眠。
拾级叩门摹石刻，登堂入室坐金莲[1]。
明湖一角窥深谷，沧海千年接远天。
最爱松头护灵隐，参差画栋缀山前。

1. 池名。

葛岭山巅暮景

夕阳西下步山巅，暮霭迷离远接天。
湖上群山冥若失，苍茫独立数归船。

沪杭车中书所见[1]

江南春水艳波光，千里平原接大荒。
锦绣满前观不尽，草花藕色菜花黄。

1. 自杭州返台州。

还乡过舟山列岛

舟山列岛遍人家，傍水登山曲径斜。
碧海白翻银绉浪，青山红染杜鹃花。

西江闸工程处

院中藤花两株，一紫一白，各依附一大沙朴树，绿云蔽院，苍龙转空，殊富风情，因志之。

藤花两树缀园门，潇洒临风雅趣存。
白夹青衫标冷艳，紫英绛叶涨新痕[1]。

1. 紫花新叶带绛色。

二十一年春自黄岩至新河路中书所见三首[1]

蛙声雨后满禾田，草长莺飞春暮天。
墨突未黔仍道路，聊将好景慰颠连。

水辙车行增栗碌，征衫污湿半泥涂。
休嫌行役勤四体，春水春山夹旅途。

农夫南亩竞分秧，为冀秋收覆陇黄。
闻废河淤频水害，思饥愿未遂斯乡。

1. 时西江、金清二闸相继兴工，予在黄岩及新河两处奔走。

闻复生家南楼看长屿山云景

山上青云绕翠鬟，岩头云衬见层山。
风吹云驶岩飞舞，云去峰青自在闲。

七月二十九日
自黄岩至临海前里
与德兄偕行

雨后行山径，轻舆疾向东。
白田铺薄水，绿野动新工。
掩幕遮朝日，开襟纳好风。
追随兄长后，花萼意融融。

西江闸工程处

此处本为关公祠，有匾额六，曰民不能忘，曰功著海塘，曰化洽岩疆，曰戴德咏仁，曰实心实政，曰去思堂。予赘一联云："名宦相承，图画祠堂酬德泽。大功不朽，春秋祭祀集官民。"复总其匾额辞，仿柏梁台体成诗。

丰功伟业著海塘，民到于今不能忘。
实心实政洽岩疆，戴德咏仁去思堂。

与辑五等雨中游九峰

九峰雨后合登临，云彩漫空没半林。
墙外青山分白水，门前塔影映潭心。

中秋前一日黄泽路上有怀金清闸工程

三月未经黄泽路[1]，秋风此日蓼花天。

金清消息仍沉寂[2]，下任官儿莫恋权[3]。

1. 辞温岭水利工程处兼职已三月。
2. 林陈诸君为予所荐用，然自予离职后少通信，且永不提及工程事。
3. 雄心未死，仍是恋权之表示，因录明儒管东溟先生语于壁上，用以自警。“以深心提人于生死之海，而人以浅心钝置之，毋弃毋亟。以热心共人于风波之舟，而人以冷心遐遗之，毋忮毋求。”

1933 年

题西江闸上公墓碑阴有序

西江闸工兴以来，迁冢移棺，颇受地方人士之非议。惟截江建闸，学理昭示吾人，当以所利者大，不顾一切而为之。现闸工行将告竣，江干一带义冢之未被迁移者，多为土封成丘；恐其久而埋没也，故捐廉建公墓一座于大闸西南偏，以垂永久。墓座用钢筋混凝土造成，似一碑亭，碑用温岭凤凰山青油石，面书“魂兮归来”四大字，盖取宋玉招魂篇之成语也。并请黄岩县政府于本年植树节，将此项义冢地，遍植林木，永禁剪伐。将来公墓之旁，佳木成林，一片旺气，缀为风景，倘孤魂有知，亦有所寄托而欣慰。此非媚鬼，聊示解铃系铃意耳。

公墓新成傍水湄，孤魂可托免流离。
掩埋所剩无多地，陵谷相移有此碑。
北郭西桥齐拱卫，橙黄橘绿正分披。
更凭大闸衡霪旱，文笔双峰润碧陂[1]。

1. 碑临水，正对文笔双峰，黄人以笔润水，则生文人。

西江月　西江闸完工书感四阕

建闸西江蓄淡，开河北郭排洪。黄温两县利交通，今事履行昨梦。
筑坝言屏潮卤，疏渠免病航工。旧河涨地给耕农，上上厥田宜种。

拟植江干细柳，还栽闸畔青枫。绿荫水上覆晴空，下有帆樯舞弄。
四面崇山绕翠，双江清水弯弓。橙黄橘绿蓼花红，一段秋光目送。

辞富居贫介介[1]，离群索处庸庸。三年海角愧无功，割爱逃名忍痛。
一片真诚接物，几番风雨飘蓬。愁边病里赶程工，驽马那堪负重。

北郭双陴倒影，西桥五洞垂虹。八门新闸隔西东，外海内河受用。
荒冢移成新绿，河工为利农工。翻山倒海纵成功，毕竟浮生一梦。

1. 予辞华北水利委员会职（薪水二百七十元），来台任建闸工程（薪水一百八十元）。

玩月西江闸有感　用杜甫韵二首

今夜西江月，临流独自看。
潮平两岸阔，闸启八门安。
首夏连天冷，清辉落水寒。
程功回忆处，百折泪痕干。

敝履与遗簪，悠然亦好看。
非关大业就，聊慰寸心安。
水月江流静，天风夜气寒。
扶筇招月影，不觉漏声干。

西江闸志别四首

言收行李敛图书，辞别同僚及里居[1]。
偷向西江一洒泪，流连不忍咏归欤。

楼氏追随亦有年，西江嘱别一潸然。
闸工托付声珍重，病里成功剧可怜[2]。

暴雨狂风出北城，码头寂寂水盈盈。
卸肩此日回家去，了却黄温一段情。

黄岩港里水平平，江口三山白浪生。
我欲乘桴浮大海，了无牵挂一身轻。

1. 西江闸完工蓄水，予以肺病增重，乃自浙江水利局辞职，归家养病。
2. 楼氏中奎系西江闸工程处看工，现被黄人任为闸夫头。

茅庵消夏诗次韵六首有序

某君作晚眺诗云："极目巾峰寺，双峦锁斜阳。翠微留古迹，碧落漾秋光。一叶归舟急，孤村过客忙。人生殊碌碌，那得侣羲皇。"

小雨初晴后，疏林透夕阳。
灵江浮塔影，固岭绚山光。
宿鸟声音乱，归帆名利忙。
茅庵宜晚眺，高卧亦羲皇。

举目河山异，疆场失鲁阳。
军中人苟活，城下国无光[1]。
世乱闲非计，蝉秋噤不忙。
临风怀易水，上殿刃秦皇。

萧寺当余雨，秋声起晚阳。
风来传爽气，潮落滚流光。
淘尽英雄气，无关得失忙。
登山怀谢朓，临水吊英皇。

1. 时当"九一八"之后。

巾山新雨后，苍翠映斜阳。
双塔峰悬影，孤帆水漾光。
烟云千叠起，灯火万家忙。
高卧消尘虑，长歌傲帝皇。

闻道新诗好，苔笺贵洛阳。
琳琅堪立懦，金石自生光。
亦有凌云志，那因入俗忙。
文章千古事，死士胜生皇。

雨后山如洗，平林挂夕阳。
峰头双白塔，叶底万金光。
息影家山美，劳形客旅忙。
农村秋事好，晚饭卧养皇。

家居杂诗四首

飘游京洛历秦川，未与耕桑二十年。
童稚交亲多物故，魂消死别剧堪怜。

构得南楼倚壁橱，闲中整理旧藏书。
西涂东抹才归宿，能偿平生一愿无。

左右图书足自豪，面南坐拥百城高。
数年假我闲著述，庶免他人为捉刀。

今岁秋收占大有，村南村北纳禾忙。
行遍天涯万里路，归来依旧学耕桑。

次韵天台山风景画诗四首[1]

二十二年九月十四日，至岭根岳家，见壁上悬有天台山景四幅，颇精致。每幅各有五言诗一首，次韵。

春到桃源久，清晨略远山。
林泉疑幻境，丘壑异人间。
避世摒烦扰，逃秦绝往还。
缘溪芳草路，千古自闲闲。

凉夜登台望，清光双阙分。
山溪穿落木，银汉驶孤云。
空谷传清籁，秋声着美文。
月明疑白昼，乌鹊动成群。

一嶂凌空起，千山凑画图。
清溪螺蜿转，巨艇钓虚无。
地设成佳景，天成惠老夫。
烟波横短棹，蓑笠老江湖。

1. 编者注：原诗题为“二十二年九月十四日，至岭根岳家，见壁上悬有天台山景四幅，颇精致。每幅各有五言诗一首，次韵四首”。

标建天台麓，遥瞻大海东。

落霞栖叠叠，紫气自熊熊。

翠柏红岩上，危楼苍莽中。

玲珑空四面，妙手羡天公。

岭根归途杂诗凡十二首
并赠绚珠李瑾侯

雨后山行值仲秋，山田叠叠见丰收。
泉声涧底轰雷电，飞瀑峰头滚素绸。

曲径傍山错犬牙，山冈叠石起人家。
楼头楼底通山路，剩得阳坡好种瓜。

山腰乔木森森立，脚底层云渐渐高。
直上岭头穷远目，危峰独立自为豪。

旭日云端才露芒，增辉秋色与秋光。
千山密处栖云白，万绿丛中压线黄[1]。

下岭盐挑步伐齐，人人两脚不沾泥。
舍舆我亦同奔走，一路听泉到隔溪[2]。

山不在高水不深，在能美秀而清沉。

1. 山中稻黄熟。
2. 村名。

岭西风景堪称冠，应有新枝出桂林。

小雨霏微润坦途，连山迷雾入虚无。
凉秋八月单衣适，舆里清游亦乐乎。

滴沥声中大雨来，布帏内漏辄成灾。
绚珠访友兼避雨，促膝谈心笑口开。

十年久别两相望，此日相逢如愿偿。
留宿赐餐兼赠画，东堂剪烛话沧桑[1]。

一夜檐流断续声，清晨少霁赶归程。
大田[2]积水为明镜，只剩长途一线横。

潮来水涌没长途，行陆涉川踏有无。
一片汪洋荞豆尽，稻头掠水似漂芦。

临海东乡为富庶，人文蔚起早闻名。
如何不划安澜策，一任横流地上行[3]。

---

1. 李善画，赠予红梅一幅。
2. 镇名。
3. 指乡先生不注意在大田港口建闸。

有感二首[1]

二十二年十二月三日，闻浙闽开战，杭江铁路停运客货，浙江一省出战，费一百八十万元。

外侮方兴未艾中，又闻浙闽构兵戎。
可怜垂死人民血，为染萧墙一片红。

清天白日满红旄，浩劫中华不可逃。
火热水深同一运，江河日下自滔滔[2]。

1. 编者注：原诗题为“二十二年十二月三日，闻浙闽开战，杭江铁路停运客货，浙江一省出战，费一百八十万元，有感二首”。
2. 时日本已占据东三省，而内战犹不已。

养病西湖咏梅影

折得孤山数点梅，凭灯照影志花魁。
非关色相生心住，只为凌寒独自开。

报载闽浙边境战争甚烈

飞机轰击福州城，外侨无恙云云。

九一八来竞购机，为防空领振军威。
未闻鹰隼阴山度，徒见蜻蜓点水飞[1]。
报导空军轰战剧，争传外侨受灾稀。
可怜邦本无人问，纾难毁家心事违。

1. 湖上时见飞机戏水。

葛岭山居霁雪

清晨雪霁气蒙蒙，白满湖山接太空。
絮被铺沉蜃幻市，林光穿透水晶宫。
松头累累垂羊尾，竹竿弯弯扭角弓。
惟有六桥柔弱柳，垂枝圆滑舞随风。

烟霞洞乘雪访复三居士再次章炳麟韵

西湖秀丽集南峰，我又来游白雪封。
重访烟霞老居士，六年未改旧姿容。

风入松六阕

湖居病。

一

劳生因病作闲人，暂借慰生平。几生修到西湖住，无牵挂岂没前因。赏识春秋冬夏，探尝风雨阴晴。

高居葛岭瞰湖滨，人马蚁行行。瓜皮艇子如鱼阵，飞机舞点水蜻蜓。江远风帆明灭，隔江山色轻盈。

二

六桥烟柳密如麻，汽笛逐香车。暖风熏得游人醉，春草碧青水苍波。画舫明湖荡桨，笋舆龙井观茶。

里湖绕岸碧桃花，映水作云霞。剧愁风雨摧花落，春老去难挽狂波。折得几枝照影，案头永见铅华。

三

风光六月甲周年，映日有红莲。色香湖景皆称绝，日落后水气熏煎。不适临湖闹市，宜居葛岭山巅。

西湖初夏出荷残，十里水清涟。柳梢轻拂摇空碧，微风起白漾青钿。淡荡烟波画里，参差楼阁湖边。

四

平湖秋月发光华，云淡水无波。浮槎月下神仙境，弥望处山小堤斜。待至湖心亭畔，一堆细柳浓遮。

有时皓月魄生多，电炬照银河。湖山点缀随形势，滨湖处水滚金蛇。天上人间星斗，山林城市人家。

五

北风凛凛起彤云，大雪正纷纷。迷离一片山河白，冰湖上反显波纹。车马寻常闹夜，此时咳嗽无闻。

天明雪霁缩乾坤，江左见农村。近市远山犹历历，钱塘水青白斜分。雪日光芒万丈，楼台朱碧为吞。

六

年来湖上倍鲜明，园囿压柴荆。风闻强半达官宅，京都近贵戚公卿。一代兴亡未定，豪华赢得城倾[1]。

内忧外患正纵横，风雨作鸡鸣。心长不合人微小，语虽重并不惊人。任尔巴人下里，休提白雪阳春。

1. 时西湖上新洋房极多，而宋子文等竟欲在宝石山修马路，通其公馆。

1934 年

病叹

病痛磨人一泫然，强为糊口事残编[1]。
体热时增时辍笔[2]，奈堪湖上数湖船。

1. 时为浙江水利局编辑三年总报告。
2. 时病剧，一执笔即增体温，随时强迫停止工作。

湖东有序

与至柔、文渊、幼植、长福、鸣湘、兰生及素芬小酌楼外楼，摄影孤山亭，复荡舟湖中。薄暮过湖东，见夕阳映水，点点作银斑。一似落花随水飘泊，而北望里湖一带，山容水色，气象万千，尤为可爱，因摄一影，并题一绝句于其上。

湖东返棹意安闲，斜日层波涌白斑。
流水落花春去也，夕阳影里看湖山。

西湖葛岭闲居感怀

快乐不寻寻烦恼，生成傲性忽人怜。
徒聆外论甜如蜜，岂识中心苦似莲。
敦厚温柔谁体贴，病劳漂泊命颠连。
高堂有母虚晨夕，伯道无儿慰大年。

自葛岭瞰西湖晓景

白堤暗柳映明湖，密密疏疏水面铺。
最爱长天初破晓，湖光云锦幻虚无。

游湖题照片

山居久静心旌动，湖上逍遥半日游。

柳舞游丝牵逸兴，波摇金影急归舟。

至柔赠诗次韵有序

民国十六年之秋，予游西湖，遇至柔于凤林寺，曾记一诗，至近日始示之。云：“登城克敌展鳌弧，命将操兵拔剑呼。同学少年多不贱，貔貅虎帐驻西湖。”周以予因病诵《金刚经》得效，别有所感，本佛家之心以为心，次韵答云：“崎岖世路遍张弧，没法惟将佛号呼。忏悔众生千万劫，时轮法会建西湖。”盖引国内居士言，今日为没法时代，故建时轮金刚法会，以期救苦与难，并招予任航空学校事云。予复次韵，且辞其招。

当年蓬矢射桑弧，壮气羞凭佛号呼。
逆水行舟吾倦矣，余生只合老江湖。

温处杂诗十首有序

为浙江水利局勘测处州大小溪水力发电工程，公余作诗记事。

缙丽道中

行过千山与万山，凭山逼水路回环。
崎岖宛似陈仓栈，六载西游弹指间。

过杉树坑

峭壁千仞暗日曛，万山夹水乱纷纷。
五丁凿破金牛路，坦道高车风驶云。

丽青江行过燕窠山

雨后青山出白云，一江涨水绿沄沄。
嵯峨怪石山头虎，风送滩声处处闻。

丽青公路工程

沿江百里尽危崖，代石平山护水涯。
重炮忽从山半发，飞岩激浪水潸潸。

大溪中勘水力发电至船寮阻雨四首

冒雨登山看水标，石藤溪畔问渔樵。
青田一县惟平土，洪水连年田舍漂。

石门洞畔树重重，上有飞泉挂碧峰。
余韵流风怀往哲，两番阻雨未能逢[1]。

大雨连绵绝望晴，船寮夜泊止江行。
杯盘草草黄昏后，浪打船头梦未成。

预计三天江上游，重探水力问田畴。
我来恰值黄梅雨，江涨焉能上处州。

1. 石门洞为明刘基读书处，予舟两过洞下，均被雨阻，不能登览。

永嘉阻雨不能游雁荡山乃乘宝华轮赴海门

临行时犹隐约见江心寺双塔。

江行雨锁石门洞，浮海云迷雁荡林。
一别永嘉遗两憾，船窗望眼恋江心[1]。

雨中归途口占

公余便道过台州，既入乡关且少留。
细看蒙蒙烟漠漠，笋舆卧看涨江流。

1. 自永嘉乘船出瓯江口，航行东海滨，达台州海门。

病中西湖上晚眺

西风习习欲晴天，万叠行云向海边。
云隙夕阳窥南浦，绿痕光润倍新鲜。

病中感悟二首
并寄李仪祉师及友好

病骥常思千里程，可怜伏枥隐吞声。
壮怀托付东江水，吐气妒夸北海鲸。
少试羸躯当酷暑，原期负重作长征。
支离仍失亲知望，只合家山寄此生。

行舟逆水赶兼程，力竭舵工喘发声。
白浪头高摧短棹，黄粱梦醒斩长鲸。
荣枯得失迷微命，几杖湖山胜远征。
尚幸未亏儿女债，从容进退尽余生。

郑松筠自北平中南海来书并和程韵诗复次韵

半生牛马走鹏程，每忆三台伴读声[1]。
几度过门观止水[2]，者番渡海话骑鲸[3]。
吴山立马虚南略[4]，燕市高歌壮北征。
玉蝀金鳌谁作主，不殊风景属书生[5]。

附松筠诗：

春申分袂各登程，忍听病鹃啼月声。
游目西湖堤上柳，骋怀北海水中鲸。
邯郸枕梦原虚幻，庄惠濠梁胜出征。
静养江南风景地，当躯二竖得长生。

---

1. 君系三台同班同学，且曾同舟共棹者。
2. 君家池水止静，有类其主，予曾三次叩门访之。
3. 夏中与君同舟航海至申江，送君北上。
4. 予住西湖年余，尚未一登吴山。
5. 君今居中南海金鳌玉蝀之间。

焦山次苏东坡韵有序

予于二十三年十一月，因病小住焦山松寥阁。是月二十六日，适逢海门各炮台（台因九一八后抗日而设）试炮有感，因步苏东坡《自金山放船至焦山》诗韵成诗，并留别松寥阁雨村和尚。

东邻虎视何眈眈，夺我东北扰东南。
纵横华夏数万里，受困东海小岛三。
狼子野心欲求取，萧萧食叶恣春蚕。
木朽蛀生忆畴昔，干戈邦内应怍惭。
此处新都厄门户，中流砥柱镇江潭。
我病暂来访泉石，对此江山兴何酣。
又值海门试大炮，山人相向变色谈。
烈烈声从烟雨里，我自安常伴佛龛。
追慕了禅一僧弱，缁衣蔬食淡自甘。
抵死守山全山土，法宝不劫豺狼贪[1]。
举国朝野应效法，楚弓楚得情方堪。
扫荡妖氛固吾圉，闲来重访松寥庵。

1. 《焦山志》载，了禅于洪杨乱时，抵死守山，得以保全；而金山北固，则成焦土。

家乡好八阕[1]

二十三年十二月下旬，连日阴寒，殊闷。忆及家乡儿时钓游处，作《家乡好八阕》。

环江风柳

家乡好，江水绕村流。春到江边杨柳嫩，风归柳上浪声柔，老干绿新抽。
春光好，飞絮满江洲。点点因风飘白雪，纷纷随水滚纤球，转化绿萍浮。

夏谷耕耘

家乡好，男女竞耕蚕。登彼西山耘植杖，采来南亩叶盈篮，作息在烟岚。
称盘谷，土肥而泉甘。三面云山环级地，一泓活水注平潭，佳处留茅庵。

烟渚牧队

家乡好，洲渚似遐荒。首夏晓烟迷远近，风吹草偃见牛羊，牧笛韵洋洋。
农村乐，五月了耕桑。千犊水边消溽暑，一鞭牛背带斜阳，晚饭月昏黄。

老人枕石

家乡好，秀拔尖山峰。中有老人依石枕，外无世事卧潜龙，曹许可追踪。

1. 编者注：原诗题为“二十三年十二月下旬，连日阴寒，殊闷。忆及家乡儿时钓游处，作家乡好八阕”。

登峰顶，脚下若临空。气爽天高宜远眺，疏林寒水壮秋容，逸兴慕高风。

地洋红叶

家乡好，红叶满长林。可比丹枫盈岳麓，遍栽乌桕缀江浔，冬暖晓霜侵。
村人技，采桕若飞禽。树末梢头缘绳索，千红万紫拂衣襟，叶里发长吟。

青莲古刹

家乡好，古刹建何年？百万人天闻石鼓[1]，大千世界见青莲[2]，缈缈驻神仙。
一池水，长证佛门前。止作琉璃明本体，放为云雨润原田，功德大无边。

焦岩砥柱

家乡好，水上涌焦岩。岳立中流真砥柱，壁垂四面挽狂澜，天险扼江关。
焦光老，三诏避山间。杨子有心渡扬子，椒山无意合焦山，易地可追攀。

双江归舟

家乡好，白日看归舟。名利一船人逐逐，天仙[3]两邑水悠悠，庄惠自春秋。
斜阳晚，江水自东流。千叶风帆归棹急，双江银浪接天浮，惊起一沙鸥。

---

1. 予家在石鼓村。
2. 村外寺名。
3. 指天台、仙居二地。

村中新八景诗八首并序

景标“新”名，为别于旧。村中旧有八景，年久，不无失实之处。予曾为一度之增删，而作《家乡好》八阕为咏。兹新八景诗，粗视之，均为空中楼阁，然皆依照实地情形，根据水利科学原理，为工程家预定之计划书，亦为村人兴利除害所急需解决之民生问题，非徒吟风弄月、傍花随柳已也。吾年逾不惑，虽三十年来为游子奔走天涯，不无所就，然揆诸叶落归根之理，仍以家乡为归宿之地。预计五十以后，即挂冠归里，若天假之年，则再致力二十年，希将“新八景”逐一造成，以偿平生最后之志愿，姑志之以为他日之券。时中华民国二十八年二月书于陕西兴平渭惠渠上。

鸟湖峰影

闻得山泉灌野芜，连峰倒影入明湖。休言霖雨苍生事，泉石膏肓亦自娱[1]。

长堤柳浪

十里长堤护碧沂，遍栽杨柳绿依依。奔驰万马腾空浪，浩荡春风柳上归[2]。

---

1. 鸟湖坑建闸蓄水，可灌溉下大洋之田，而西山连峰倒影水中，煞是好看。
2. 黄金溜一带，须筑顺水长堤，以防洪波挟沙毁地。堤上栽柳，俾披拂水面，抑制强流，有利于本村极大，然无害于落马岩渚。

陵岸复道

伐石鸠工堆复道，连环洞影映池塘。非为点染村庄色，为免牛羊避水忙[1]。

渡头垂虹

长桥利涉架清河，攘攘熙熙过客多。一变渡头陈旧迹，双垂虹影倒苍波[2]。

飞轮行雨

制就飞轮激逆流，为云为雨润田畴。绕村四野无干旱，鼓腹赓歌庆有秋[3]。

三江挑溜

筑坝挑溜入正漕，保坍止决护江皋。人工应胜天工巧，永固三江抑怒涛[4]。

桂堂清芬

村边老桂如华盖，秋日开花十里香。我欲结庐大树下，将花名命读书堂[5]。

塔山香雪

江头峭壁叠崔嵬，一片清香雪里开。佳处为吾留草舍，梅花塔影点苍苔[6]。

1. 绕村皆低地，每年洪水骤至，水势环村没屋，牛羊即无归山之路。拟循陵岸塘边，筑复道，达牛皇殿后，可济病涉。

2. 石鼓渡向用船，多不便，须用铁筋水泥建弓桥于河上，务使洪水时，带阴树可从桥下冲过。

3. 后洋港岸设水轮，打始丰溪水上岸，可灌溉上下洋全数地亩。欧洲荷兰之风车，吾国甘肃一带之水车，富有前例。

4. 三江水溜，未能归漕，则三江渚一带，东坍西涨，永无穷期。须筑挑水坝于船埠头，挑流入正漕，以期一劳永逸。但以无碍三江村为原则。

5. 小墈头老桂，婆娑可爱，拟构堂于其下，设立桂堂小学校，教育村中子女。予晚年将自号“桂堂先生”，以乐伯道之暮景。

6. 青莲寺冈之下，向称塔山后，可见旧时有塔，近无遗迹可寻。拟建塔于焦岩对岸之山嘴上，可增加江山秀气，全冈植梅，俾成香雪海，予将埋骨于此。

纪念文章

中国近代水利工程影像集
——雪浪银涛说浙江

浙江温黄平原水利史及两江闸研究[1]

谭徐明[2]　李云鹏

浙江温岭、黄岩地处台州滨海平原，今人多称温黄平原。温黄平原负山濒海，源短流急的山区河流在平原区汇流为永宁江和金清港。其北永宁江与其南金清港将温黄平原环抱其中。约9世纪时通过修筑堰坝、疏浚水道，温黄平原水网地区土地渐次开发。11世纪以来，持续在西江支流的官河、金清港上兴建水闸，以石闸群节制水量、阻挡咸潮，具有拒咸蓄淡功能的水利区形成。

20世纪30年代，现代拦河大闸——温岭新金清闸、黄岩西江闸相继兴建（合称台州“两江闸”），分布于温黄平原的古闸退役，演变为只有交通功能的石桥。从竹、木、土石修筑的堰埭，到坚固且便于维护的砌石水闸，再到现代拦河大闸，这是区域水利史发展的三个阶段。论文依据清代地方志、民国地方报刊和两江闸设计者胡步川日记等史料，以温黄平原拒咸蓄淡工程史研究为切入点，进而研判黄岩、温岭两江闸兴建的技术价值，及其传统水利向现代水利转折时期的历史地位。

---

1. 此论文将发表于2025年《中国水利水电科学研究院学报》。
2. 谭徐明，中国水利水电科学研究院，教授级高级工程师，博士生导师。

1 两江闸前世：拒咸蓄淡工程起源与发展

温黄平原的水利与区域人口增加、经济发展同步。至迟 10 世纪时开始在斥卤之地大规模地疏浚水道、筑堤围田，及至 11 世纪末已有自北而南纵贯平原中部，连通西江、金清港的官河，大大小小的河泾和堰埭等分布其间，是为《（嘉定）赤城志》所记："官河贯于八乡，为里九十。支泾大小委蛇曲折者九百三十六。其泄水至于海者，古来为埭凡二百所，足以荫民田七十余万亩。"[1] 彼时黄岩已为浙南粮仓，水利是黄岩农业的重要支撑。朱熹称："（黄岩）其田皆系边山濒海，旧有河泾、堰闸以时启闭，方得灌溉，收成无所损失。……惟水利修，则黄岩可无水旱之灾。黄岩熟，则台州可无饥馑之苦，其为利害委的非轻。"[2] 宋人所称官河是为后世所称南官河，支泾为西官河、东官河、南中泾之类分派。

温黄平原建闸始于北宋元祐七至九年（1092—1094）。其时浙东提刑罗适以埭可御咸潮却不利于行洪排水，在南官河、金清港废埭建闸，兴建了石湫、永丰、黄望、周洋四闸。闸建成后御咸蓄淡和通航的效益大有提升。南宋淳熙九年（1182），时任提举浙东常平茶盐公事朱熹巡察浙南、浙东诸府州，至台州发现堰闸失修、损毁严重，奏请朝廷拨发一万贯兴修黄岩水利。次年提举使勾昌泰主持建成了回浦、金清、长浦、鲍步、蛟龙、陡门等 6 闸。其后数十年间西江支流各官河相继建闸，至淳祐十年（1250），各官河和金清港闸 15 处，各分流节点皆有石闸调控（图 1），温黄平原水利区形成。诸石闸中金清闸规模最大，在今温岭新河镇蔡洋，金清闸口宽一丈六尺（5.33 m），高一丈四尺（4.67 m），雁翅各长七尺二寸（2.4 m），即使在今天也是规模可观的单孔大闸。

及至明清时，由永宁江分派出的西江之南官河、东官河、西官河、南中泾成为水闸和石坝节制的水道（图 1），前代所建石闸或沿用，或为新闸取代，但是总量不断增加。清代出现了 3 孔以上的水闸。原为 3 孔金清港金清闸，到

1. 陈耆卿：《嘉定赤城志》卷 18，收入《宋元方志丛刊》第 7 册，中华书局，1990。
2. 朱熹：《晦庵集》卷 18，收入《四库全书》（影印本），10a–11b。

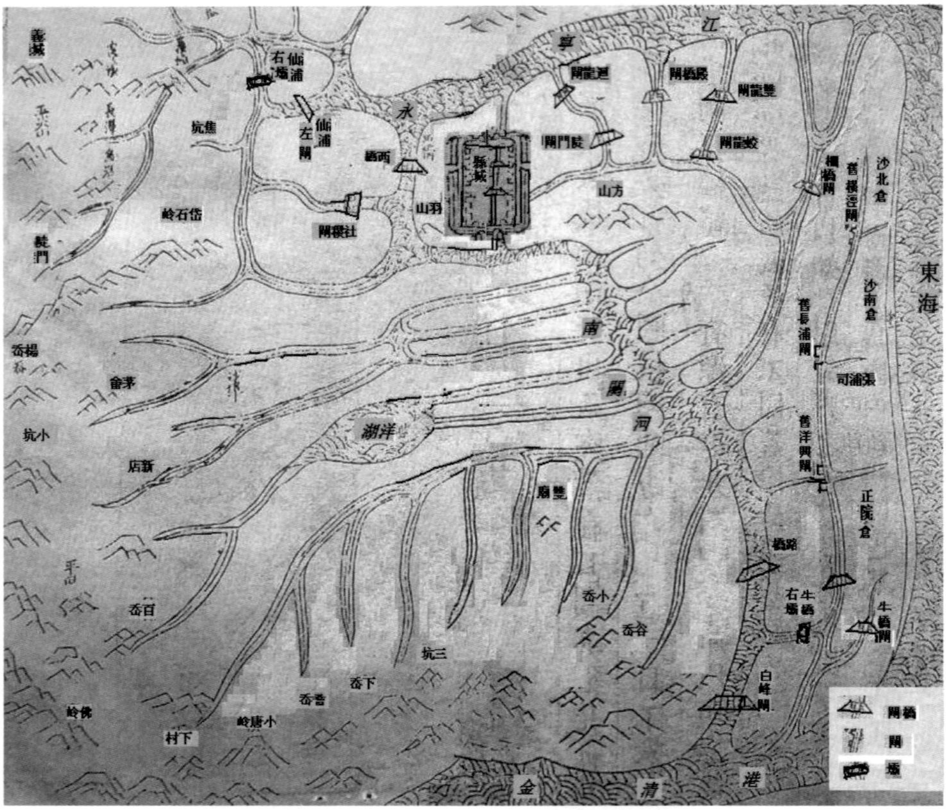

图 1　永宁江官河、金清港及宋代水闸分布示意图

（引自〔清〕《黄岩县河闸志·河闸全图》）

道光十八年（1838）重建时改为 7 孔，光绪十五年（1889）建成 5 孔玉洁闸。20 世纪 50 年代末温黄平原西江、金清港及各独流出海水道上的闸、涵二百余处[1-2]，西江所属各官河、金清港遗存古代石闸约 30 处。

黄岩、温岭诸闸的拒咸蓄淡功能通过诸闸的工程管理来实现。永宁江、金清港是潮汐河流，它们的支流西江、官河、中河等，都是当地的主要灌溉和生活水源。往往枯水期也是咸潮上溯时，则各河口下闸挡潮蓄积淡水；春灌时，俟大潮退去便诸闸开启，引永宁江、金清港水入河，这个联动的工程体系，因位置不同，而有不同的启闭时间。位于黄岩城东、于 13 世纪建成的南官河常

1. 郑上平主编《黄岩水利志》，上海三联书店，1991，第 93 页。
2. 吴小谦主编《温岭市水利志》，方志出版社，2002，第 179 页。

◀ A 黄岩县城内城常丰清混二闸（南官河北闸）

▶ B 白峰闸（南官河的南闸，连接金清港和永宁江的关键工程）

图 2　黄岩水闸群及运行典型案例

（引自〔清〕《黄岩县河闸志 · 河闸全图》）

丰闸最为著名，这是两座闸组成的联动复闸，地处黄岩东南，除拒咸蓄淡功能外，还是永宁江、南官河、金清港南北连通的水运咽喉。清代《黄岩河渠志》记载常丰闸的启闭程序："舟楫往来，随潮大小以司启闭。（官）河船将出，必先启清闸，以出船即闭清闸，而启混闸，放船于（永宁）江。江船将入，必先启混闸，以入船即闭混闸，而启清闸，进船于河。所以防混水之冲，清水之泄也。"[1]（图 2）地处黄岩城西的仙浦闸坝则为闸坝联合节制，石坝由石柜修筑。则坝拒咸蓄淡，闸为引水、过船和拒咸潮而启闭。

2 现代水闸肇始：新金清、西江建闸的规划与建设

温黄平原石闸体系形成后，将外水（咸潮）和内水隔开，内田成为良田，因此又加速了温黄平原土地深度开发和滩涂围垦。南宋至元明清先后修筑了萧万户塘、长沙塘、坞根塘、塘下塘、截屿塘等海塘并开塘河，将温黄平原耕地、盐田向滩涂不断延伸。数百年后随着河口外移，海塘已经修筑数重，入海水道越来越长。

与水利如影相随的不仅是区域经济的发展，还有用水的利益冲突，超过工程防洪能力造成的灾害损失也大幅增加。西江所属官河建闸后枯水期流入西江的淡水减少，地处下游的黄岩县城因此竟然一年数月淡水短缺。金清港在金清闸以下同样遭遇枯水时缺水、汛期洪水与咸潮顶冲之害。且古代水闸为叠梁闸板，洪水到来，或咸潮上行，开闭水闸都很困难，闸坝上下游民众利益不同，因水闸运行引发的冲突日渐频繁。18 世纪以来温黄平原滨海地带常因滞涝不退，发生民众毁闸毁坝事件。如咸丰六年（1856）五月山洪与天文大潮相遇，金清闸不开，上游受淹灾民数万人、船数百艘往毁金清闸，上下游乡民对抗，死数十人，落水者不计其数。1920 年 5 月、7 月两场洪水同时遭遇潮灾，平原大多水深数尺，淹死 3 000 余人，淹没农田二十六万亩，金清港溺亡尸 400 余具。其后 1922、1923、1927、1928 年遭遇连年水灾，农业遭受重创，万余灾民无

1.《黄岩县河闸志·沿革》，收入《中华山水志丛刊·水志卷》（影印本）第 70 册，线装书局，2004，第 79 页。

家可归。[1-2]

1930 年，胡步川调查温黄平原河流水道时，分析了水灾与闸坝效益相关性，“（温黄平原）朱子六闸，或有存者，然已不可考。由推想之所及，琅岙闸以上，牧屿闸与新渎闸附近，必有其一，时琅岙尚在海中也。及后海涨，故有琅岙之设闸。既以该闸离海远，已失蓄淡御咸之效，故又有金清闸之设。而琅岙闸废，又后金清闸又失效力，故增设玉洁一闸，以救其弊。……虽仅四十余年，不但与金清同病，而且变本加厉矣”[3]。他指出了滨海平原土地开发殆尽、滩涂淤积与入海各河河口外移、传统水闸及其运行方式等都是 19 世纪中期以来区域水灾日趋严重的因素。

2.1 新金清闸、西江闸的规划设计 1920 年大水灾发生后，时任黄岩知县宾凤阳召集灾民以工代赈疏浚西江，温岭桥下乡则自发成立水利局图谋自救。1927 年黄岩县建设科科长章育提议在西江口建闸。1928 年黄岩、温岭相继成立水利委员会，金清港、西江建闸提上日程。省建设厅批准黄岩温岭两县政府从建闸后受益农田筹措经费。受益农田按西江、南官河、金清港三河两岸 10 km 以内范围征收，自 1930 年起至竣工止，按亩加征水利费二角，共计农田四十万亩年征水利经费达 8 万元，当年筹集到了开工经费。

1928 年 2 月应新任浙江水利局副总工程师汪胡桢之邀[4-5]，胡步川受聘出任省水利局工程师职掌两江闸兴建。次年 4 月新金清闸勘测及初步设计工作启动。只半年时间胡步川就完成了金清港勘查、新金清闸选址和初步设计报告、闸址地形和金清港水道纵横断面测量等前期工作。1930 年 1 月向省建设厅提交《浙江省水利局温岭水利工程处第一期报告书》及设计图。报告书引言简述金清港自南宋以来建闸史，直陈金清港现状“（各闸）年久失修，闸门渗漏，几失蓄淡御咸之效，益以沧桑变易，至二闸（玉洁、金清）附近之上下游，港身高仰，内河直如釜底，咽喉闭塞，排洪不畅，水灾以成”，提出了金清港疏浚、

1. 郑上平主编《黄岩水利志》，上海三联书店，1991，第 7-10 页。
2. 吴小谦主编《温岭市水利志》，方志出版社，2002，第 18-23 页。
3. 见胡步川《浙江省水利局温岭水利工程处第一期报告书》，1930 年 1 月。
4. 黄国华：《汪胡桢传》，浙江人民出版社，2023，第 225 页。
5. 见胡步川《记事珠》手稿第三十六册 1929 年 2 月 12、13 日日记。

河口裁弯取直治标和建闸治本两个规划。报告书提交了新金清闸四处闸址方案，并河口泥沙淤积、建成后运行管理、工程造价等方面论证，经过论证，新金清闸选在了清道光琅岙闸下游约 6 km 拉萨汇，如此金清港大部分农田都将受益。新金清闸初设定为 19 孔闸，后技术设计阶段改为 20 孔闸。新金清闸初步设计完成后，胡步川很快完成了西江闸初步设计。西江闸的闸址选在了黄岩城东北的夏家洋，此处扼西江干流，阻挡咸潮上溯，使县城及西江流域十万亩农田皆得淡水之济。而西江入海水道裁弯取直的设计，为黄岩县城东北新增了一片土地。[1]

1931 年 2 月胡步川携两江闸设计报告书、设计图等赴杭州送审。时任浙江水利局总工程师白朗都（奥地利籍）迟迟不予通过。4 月白告病假两个月，至 6 月 26 日白朗都才审核通过设计书。这是中国工程师首次担纲设计的水利工程，外籍总工程师审核长达 4 月之久。胡步川记载获批的曲折，“西江、金清二闸设计完成，至杭州请总工程师白郎都核定。而白每日觅小问题为难，久不签字。及予请白给我以计划大意，则为一船闸之一端的单闸门。予批评不可，乃签字，已费时极久矣”[2]，白认为应修改设计增加船闸。现代船闸包括船道和上下游水闸，以及升船和闸道供排水设施。永宁江、椒江是台州湾进入内河的主水道，当时出入西江口和金清港为民用小船，没有必要单设船闸，且船闸和过船设施势必极大提高工程造价，提高水闸运行的难度，这对工费来自按亩征收水利费的地方水利工程来说无疑也是难以承受的成本。在工程师胡步川据理力争下，设计方案终获通过。

2.2 两江闸兴建 1931 年 10 月 23 日西江闸完成施工招标。11 月 12 日西江闸及闸下入海水道整治工程同时开工。同时由政府主管官员、设计者组成的西江闸工程处成立，负责施工监理；征收审查委员会成立，负责西江闸工费征收及开支监督，以及工程建设中征用、占压土地及农作物赔偿。1933 年 6 月西江闸竣工，历时 1 年 7 个月。1932 年 4 月亦通过同样的程序和建立相关施工管理组织，新金清闸开工建设。1934 年 8 月新金清闸竣工，工期 2 年 4 个月。

---

1. 见《西江闸工程处大事记》，《黄岩建设旬刊》，台州黄岩区档案馆藏，档案编号：M210-006-570-113。

2. 胡步川：《雕虫集》前册（影印本），河海大学出版社，2021，第 73 页。

20 世纪 30 年代初温岭、黄岩两江闸都属于采用西方现代技术的大型水闸，采用钢筋混凝土结构以及手摇启闭机。苦于经费短缺，采用木结构的整体闸门。西江闸、新金清闸建成后，金清港、西江各官河的石闸全部废闸为桥，30 多座拒咸蓄淡的石闸为西江闸、新金清闸两座现代水闸替代，整体闸门和启闭机的运用也将叠梁闸送入历史。

胡步川负责了两江闸测量、水文调查、规划、设计、施工招标等前期工作，以及水闸启闭机采购。作为西江闸施工技术负责人，类似今所称驻工地设计代表，在两个工地奔波。西江闸开工 2 个月时，发生了基坑、岸坡坍塌事件。地下 5 m 黏土层下出现流沙层，在施工堆土的土压力下水闸基坑、水闸两岸相继崩陷。在历史上以水闸群而著称的黄岩县，这起所谓的施工事故引起了舆论哗然，当地士绅 50 余人提告县政府，要求赔偿损失。胡步川以水利工程师名义发表《敬告黄岩县政府水利委员会诸先生暨全县民众书》，客观分析了崩坍原因和处置办法。省建设厅、水利局通过专业人员的实地调查后，认定工程师对施工无违章，是不可预测的意外，且补救工费在预算项下列支。施工事故引发的风潮得以平息。

两江闸的兴建标志着传统水利向现代水利的重大转折。从前期工作水闸选址、闸址地质勘测、河道地形水文测量、规划设计及其技术审查、工程招投标等，到建设期间的工程施工、设备安装、施工监理、施工突发事件的处置等，也将西方土木工程建设管理机制融入近代水利工程建设中。

西江闸设计流量 141 m^3/s，新金清闸设计流量 707 m^3/s，水闸主体工程建成后，历经抗日战争、解放战争，配套工程没有完成，未能充分发挥效益，直到 20 世纪 60 年代以后配套工程逐渐完善，1995 年在新金清闸才又增加了一孔船闸。同年在闸下游约 6 km 剑门港建成金清新闸，现在两闸上下联动节制水量。

3 两江闸的历史地位

20 世纪初现代水闸在长江、珠江、海河河口相继兴建，开启了现代水利的先声。台州两江闸在近代史和现代水利进程中的历史地位，当从这一时期兴建的水利工程对比分析予以评价。

1919 年至 1921 年，近代著名实业家张謇邀请荷兰、英国等国水利工程师设计，在南通、如东两县交界处的黄海之滨相继建成了遥望港九门闸、合中闸（七门闸）等水闸，这是中国最早建成的现代钢筋混凝土结构的水闸。1915 年珠江大水后英国人把持的粤海关投资兴建了珠江三角洲的北江芦苞闸。芦苞闸由瑞典籍工程师柯维廉设计，过闸最大流量 1 100 m^3/s，7 孔闸，采用英国进口钢闸门和启闭机。建成运行后下游河床冲出 26.76 m 深潭，1948 年重建后，基础问题仍未解决。1913 年、1917 年两次直隶大水后，北运河支流箭杆河夺

表 1　中国早期现代水闸概况表（1919—1937）

名称	所在位置	建成时间	耗资	工程情况	主持机构	设计者	备注
九门闸	遥望港 江苏南通	1919	14 万元	9 孔	全国水利局	亨利克・特莱克（荷兰）	运行至 1974 年，原址拆除
芦苞闸	北江 广东三水	1924	107 万元	7 孔，钢闸门	广东海关	柯维廉（瑞典）	投入运行便闸底板及护坦冲毁，1948 年重建
苏庄闸	潮白河 北京顺义	1925	250 万元	40 孔，钢闸门	顺直水利委员会	罗斯（英国）	1939 年毁于基础失事
西江闸	西江 浙江黄岩	1933	13 万元	8 孔，木闸门	浙江省水利局	胡步川	至今尚在运用
新金清闸	金清港 浙江温岭	1934	42 万元	22 孔，木闸门	浙江省水利局	胡步川	至今尚在运用
龙凤闸	北运河 天津武清	1935	14 万元	8 孔，钢闸门	华北水利委员会	杜联凯[1]	至今尚在运用
白茆闸	白茆塘 江苏常熟	1936	29 万元	5 孔，钢木闸	太湖水利委员会	傅汝霖 汤传新	至今尚在运用
金水闸	长江 武昌	1937	100 万元	3 孔，钢闸门	扬子江水利委员会	史笃培（美国）	至今尚在运用，参与设计及工程监理凡美国、英国、奥地利、荷兰四国工程师

注：除标注外，数据引自《中国水利史稿》下册、《长江水利史略》、《太湖水利史稿》、《珠江水利简史》。

1. 杜联凯：《龙凤河节制闸工程计划》，《华北水利月刊》第 8 卷，第 24 页。

潮白河改道入蓟运河，致使河北香河、天津宝坻一带滞涝经年不退。顺直水利委员会于1923年在北京顺义兴建苏庄闸以期挽潮白河归北运河。苏庄闸为40孔闸，由30孔泄水闸和10孔进水闸构成的大型节制闸，设计流量600 m^3/s，建筑材料和启闭设备全部引进德国设备，顺直水利委员会特聘英籍工程师罗斯设计。建成后未能达到预期目标，潮白河仍大部分泄入箭杆河。苏庄闸运行后也频频出险，连年遭遇闸底板淘刷、边墙倒塌，14年间大修7次。1939年苏庄闸毁于洪水，事后调查水闸基础、闸后消力池均淘刷一空。1936年于太湖入江水道江阴白茆塘河口建成的白茆闸，为五孔水闸，至今尚在运行。1934年开工兴建的长江中游排水闸金水闸，由美籍工程师史笃培设计，奥地利籍工程师施工监理。金水闸是长仅20 m的3孔闸，历时3年才完工。从《中国早期现代水闸概况表》（表1）可见从20世纪初至20世纪30年代末兴建的第一代现代水利工程多是地处滨海河口水闸，其中台州两江闸是中国水利工程师担纲设计最早的现代水利工程。

4 结论

温黄平原水利的起源与区域土地开发、人口增加、区域经济发展同步。社会发展与灾害刺激温黄平原水利的兴起和其后更新换代。19世纪至20世纪初，水灾日趋严重背景下，推动了20世纪30年代台州两江闸的兴建。60多年后温黄平原河口又相继兴建新闸，开辟新的入海水道，温黄平原的水利史是人与自然不断博弈的历史。以拒咸蓄淡工程为特点的温黄平原水利区，水利的起源、发展，可以归结为三个阶段，且各有其技术特点。

第一阶段（约6至9世纪）为泽国斥卤之地开发的早期，水利与之同时起步。开沟疏浚，筑埭围田是主要水利活动。至9世纪时，浙南滨海区域农业渐成规模。温黄平原北部属永宁江的西江及其官河水系，南部金清港水道成形，通过整治的河流水系有灌溉、行洪、水运等效益。

第二阶段（11至13世纪）温黄平原成为浙南重要农业经济区，人口密度超过中原，对水利依赖程度相应提高，这一时期浙闽地区以拒咸蓄淡工程为主，诞生了砌石结构的水闸体系，从土、木、竹等临时性工程到砌石结构的永久性工程，实现了水利史技术发展的突破。温黄平原的砌石水闸单体建筑小于同时期兴建的莆田木兰陂、鄞州它山堰等同类型的水利工程，却以石闸群实现水网区的水系连通，以其完善的工程体系使拒咸蓄淡效益得以充分发挥。温黄平原水利区以石闸群水工建筑和拒咸蓄淡效益为特点，在中国古代水利区中具有独特的地位。

第三阶段（20 世纪 30 年代）是温黄平原水利从传统到现代转折时期，温黄平原是中国最早兴建现代大型水闸的地区之一，西江闸、新金清闸以其便利的闸门启闭，较大的泄洪和挡潮的效益，取代了温黄平原数十处石闸。现代拦河大闸的建成，不仅是规划、设计乃至工程材料结构、启闭设备的变革，还有现代水利人才、制度建设等层面的建树。台州两江闸是第一个中国工程师独立设计、施工建成的现代水利工程，是这一历史转折的重要见证，也由此奠定了两江闸设计者胡步川在中国近现代水利史的地位。

两江闸建成后，温黄平原古代石闸大多退役，改为跨河石桥，但是砌石结构的石闸主体建筑大多完好保留下来，这些跨越宋元明清四朝的石闸，以类似木桥的榫卯结构、考究的工艺、精美的建筑，与现代两江闸相得益彰，记录了自宋以降罗适、朱熹、勾昌泰、章育、胡步川等先贤的卓越贡献，是中国水利不同阶段的里程碑、珍贵的水利遗产，值得永久保护。

饥溺为怀 霖雨苍生

——胡步川先生水利惠民的情怀

苏小锐

胡步川（1893 年 8 月—1981 年 7 月）先生，浙江临海永丰石鼓村人，我国现代卓越的水利科学家。他生于农村，家境贫寒，身处天地倾覆、长期动荡的年代，仍不忘忧国忧民，毅然选择“立身期禹稷”[1]，“愿做行水人”。[2]他拥有一代知识分子对民族振兴的殷切向往和泽惠民众的不懈追求，胸怀“我为国家和人民做事，到死为止”的雄心壮志，一生挚爱水利，专做水利一件事。立大志者成大事。他历尽艰险，实干创业，在中国现代水利工程建设，黄河治理与江南沿海滩涂治理，水利科技应用与创新，大型灌溉区域管理，大型水利水电工程论证，水利科研、教育及水利史研究等领域，取得了丰硕成果，建立了不朽业绩，为中国水利事业发展作出了杰出贡献。

弘扬胡先生为水利以命相争、奋斗毕生的奉献精神，彰显其爱国惠民的情怀、廉节自守的风骨、艰苦创业的风范，对于建设中国式现代化、推进中华民族复兴大业，具有重要的时代价值和现实意义。

---

1. 胡步川：《言志》诗句。
2. 凌舒昉：《怀胡公，为公百三十岁诞辰作》（2023 年 7 月）诗句。

一、科学救国，水利惠民的情怀

临海是我国有名的易涝地区，多台风暴雨，旱涝频仍，尤重水患。[1] 石鼓村村民，世代临水而居，伴水而生，因水而兴，却饱受水患之苦。小灾年年有，大灾十有其三。胡先生童年时期，连遭凶岁，经受水灾带来的刻心刻骨之痛。17 岁时“患伤寒病几死”，又“时值大饥，屡入城典母亲衣饰易米，负米二十里归家”，又以米粮“和麦碎食之，粗糙不能下咽”。极度艰难而令人绝望的环境下，萌发读书找出路[2]，整治水患，效力梓里的宏愿。1917 年秋，迫切的求知欲望与对前途的自信，驱使辍学务农 8 年，年龄已经 25 岁的胡先生，克服常人难以忍受的困难，做出常人不敢做的选择，举债求学于南京河海工程专门学校。在河海，他学到专业知识，增长治水才干，接触西洋学说，经历五四洗礼，接受了爱国、民主、平等、奉献的公民思想教育，“更知时代巨轮转，总统由来是仆夫”[3]。从此，以治水惠民为己任，立志科学救国，“许与国民谋乐利，甘为牛马走山川”[4]。自此，一个来自水患之乡的大写的生命，一个以大禹治水为楷模的现代治水者降临了。

他认定办水利为国所需，为民所盼，最能实现人生价值，认为“尽责社会、爱国利民，唯有水利工程家做得结实”。于是“为霖为雨平生志，不死还须努力求”[5]，即使劳累过度，病重住院，久病难愈，仍遇挫不馁，初衷不改。在60多年治水生涯中，有过多次可以改变从业道路的机会，却始终如一，矢志不移。1927 年 12 月，他就任南京中央大学出版部主任，创办校刊，“然予并不以编辑月刊为终身任事”，翌年夏即告别安逸的京城生活，辗转至开封，投身黄河治理的水利工程；他的同乡周至柔[6] 曾多次聘他到军中任职，他以不愿离开民众、

1. 临海水利局编：《临海水利志》，团结出版社，1997 年版。
2. 胡步川：《告母亲书》（手稿），1942 年 8 月。
3. 胡步川：《雕虫集》，河海大学出版社，2023 年版，第 309 页。
4. 胡步川：《自新乡赴辉县勘瀑》诗句。
5. 胡步川：《雕虫集》，第 125 页。
6. 周至柔（1899—1986），名百福，临海东塍人，曾任民国航空委员会主任、空军总司令等职。

不能学非所用而婉拒；他与另一同乡好友林炯[1]，两人常“谈起国事，悲痛不平”，但救国的道路选择却有分歧，终因“自负科学救国”之责，而与林炯各奔前程。

他的治水道路，崎岖曲折，多灾多难，可谓九死一生。[2]特别是抗战时期，经历了战火的考验，于民族存亡之秋，艰苦卓绝之境，显示了水利人以身许国、献身事业的英雄本色。1938 年夏，日寇侵略者的铁蹄逼近三秦大地，陕西上空战云密布。在敌机连番的轰炸之中，陕西省水利局办公大楼被炸毁，人员被炸死，一时人心不稳，有人临阵脱逃，有人卷走公款外逃避难。危难时刻，胡先生临危不惧，处变不惊，主动兼负局长之职，动员全局同事坚守岗位，护渠抗战。他决心“不改业，不辍功，以恒久的努力，发展救国的抱负”。他认为水利人虽不一定要扛枪上战场，但守渠即抗日；做好后方生产，支援前线将士，就是水利人之责。他还对可能出现的严重后果，作了长远的考虑，如果日寇西渡黄河攻西安，北渡渭河达兴平，入侵陕西，万一不能公开守护水渠，他们就扮作农民，“住到农民家里，发动群众，全力守渠”[3]。受他带领，全局大部分人留了下来，继续推进实施“关中八惠”等水利工程建设与管理，提高农田收益，为抗战献粮献棉。他治水成绩突出，得到当时陕西省政府的多次表彰。对照来看，抗战期间，全国其他省份，大型水利设施建设基本停止，只有陕西与众不同，修筑“三秦十三渠”，功绩最大，成为全国榜样。时人称赞：陕西水利甲全国。

抗战中，他捐钱捐物，送亲人上前线，参与各类集会，投身抗日救亡活动。期间，他家庭遭遇不幸。老家石鼓祖宅，因用作台州专员公署办公，被日军飞机轰炸，嫂子炸死，侄儿炸重伤，81 岁老母亲受惊亡故。国难与家仇，更激发了他坚强的抗日斗志。

1949 年 5 月，胡先生再次经历考验。随着解放战争的节节胜利，陕西省旧政权机关人员急于疏散。陕西水利局内一片哀鸿，人们想要跟着疏散，唯有胡先生一人坚决反对。这时，他已经不当局长，但有着极高的威信和号召力。他力排众议，认为水利局有异于其他机关，水利界人员“是做技术的，只知为

1. 林炯（1900—1937），字电岩，临海永丰人，中共早期党员，曾任中共满州省委书记，革命烈士。
2. 凌舒昉：《胡步川〈雕虫集〉里的“涉”字人生》，2021 年 7 月。
3. 胡步川：《我的历史活动》（手稿），1968 年 10 月。

国家人民谋利益”，农民衣食之源在水渠，只要灌区农民不走，水利人则不得擅离岗位。后来，陕西省旧机关各局人员都解散了，只有水利局全部人员坚守岗位，迎接解放。接收陕西的解放军首长宣布：水利局为人民办事成绩好，可继续照章办事。他心系百姓、水利惠民的情怀，让他在紧要关头，作出了正确选择。他的这一选择，不知挽救了水利界旧机关多少人的前途命运哪！

二、清正廉洁，崇尚名节的品德

清者自清，廉者自廉。廉政关键靠修养。胡先生既有古代君子修身为本、廉节自律的品格，又有现代知识分子遵循法律、倡导公正的信念，始终坚守廉明公正，忠于职守，公私分明，取舍有度。他每日记日记的习惯，始于河海求学，终至离世前夕，60 余年，一直保持。能坚持记日记的人，往往能守住做人的道德、良知和人性底线。胡先生把记日记作为自我约束、修身律己、修炼灵魂的法门，养成了清正廉明、坚持原则的气节。如果说日记《记事珠》是胡先生的诤友，那么《雕虫集》便是胡先生的信仰。他以安贫乐道自励，“思饥辜负还思溺，患道从来不患贫”[1]；以淡泊明志自戒，“淡泊明志心自泰，恶根除尽善根深”[2]；以克己奉公自足，“气壮不知工作苦，奉公不复分彼此”[3]。风骨凛凛，正气浩然。他是用《雕虫集》雕刻着自己的伦理和心路，并用以接受世人的评判和监督。

他守廉洁，为官两袖清风。从 1938 年至 1947 年，他在陕西省水利局和渭惠渠管理局做了整整 10 年的局长，但向来不以权谋私，自始至终做到“廉洁”二字。他践履笃实，不怒自威。他在《自省十条》中写道：局中经济公开，我不妄捞一文，宁自清贫，且不兼薪不营私，与员工同甘苦。他有“公、忠、坚、苦、清、高”的立身为官之约，又有不值党营私、不见异思迁、不同流合污等“六不主义”，还有公私分明、以身作则、努力从公等“行事九条”。当然，这些框框条条的“紧箍咒”，都不是上级领导提的，也不是红头文件印的，还不是

1. 胡步川：《雕虫集》，第 305 页。
2. 胡步川：《雕虫集》，第 59 页。
3. 胡步川：《赠刘辑五》诗句。

开会时口头说说没往心里去的，而是他自己总结出来，约束自己，并要求大家检验与督查的。

他尚公正，处事正派诚信。他在新旧交替、社会激变的大时代，难能可贵地保持着知识分子的冷静与理性，不作人云亦云，不跟风随大流。抗日胜利之初，陕西当局那种似曾相识的虚伪的说教，撒谎的嘴脸，专制的作派，迅速自毁公众形象。胡先生面对这种大范围无节制无孔不入花样繁多的官场腐败与贪欲，深恶而痛绝。他与急功近利、漠视民生、拖欠水利人工薪的官员作抗争，最后大失所望。在他心中抗战胜利的喜悦，随即化为泡影。尽管环境恶劣，胡先生却出污泥而不染，仍一如继往竭诚为民生劳心劳力，由此得到陕西民众发自内心的敬重。1947 年 5 月，他告别工作 12 年的渭惠渠管理局，辞职南行，受到灌区沿线郿县、扶风、武功、兴平、咸阳五县水老、官员及成千上万民众自发集聚，摇彩旗敲金鼓放铁炮欢送，连续 5 天，连绵 300 里，盛况空前。民众以这种罕见的方式，由衷表达对胡先生的钦佩和褒奖。这种热烈的场面，只有胡先生有资格享受。

他重名节，做人守住底线。他视名节如同生命，“予极想做一极清白工程师”，一向小心呵护清白之名，唯恐被玷污。1966 年春，一次思想改造的学习会，要谈“不为名不为利，不怕苦不怕死”的学习体会，胡先生没有高谈阔论，忍不住又讲了真话。其铮铮铁骨，可略见一斑。他回顾 70 多年的人生经历，认为自己“不怕苦不怕死”做到了，“不为利”只做到一些，因为还要拿工资养家。而“不为名”不但做不到，而且不能这样做。一个人如果不论名誉、不讲名声、不重名节，那就会失去做人的底线。一旦失去底线，失去约束，不管是谁，什么坏事都会做出来，那是可怜可怕可悲的。

三、奋发图强，实干创新的精神

胡先生以勤勉奋进、吃苦耐劳、自强不息、务实创新的作风，成就了“永久垂惠于人民”的治海、治江、治河的功业。建设台州两江闸，既是报效桑梓、造福家乡的结晶，又是匠心独运、推陈出新的杰作。

1929 年春至 1933 年秋，他辞去华北水利委正工程师之职，应邀担任浙江省水利局工程师，负责台州温岭新金清闸和黄岩西江闸的设计、勘测及工程实施。当时，台州灾情严重，又缺乏做大型工程的经验，民间办水利十分困难。但他迎难而进，“宁可辞尊居卑，辞富居贫”，“虽有牺牲个人利益，亦责无旁贷”[1]，满腔热情地投入其中，住在“暮蚊虫，夜虱蚤，晨吵闹”的工地附近，身兼数职，内外统筹，格外操劳。长年高强度的劳碌奔波，他积劳成疾，呕血不止，病几不起。他曾将两江闸工程的苦况，归纳为筹款难、用人难、应付士绅难、官府遇事不管难、土匪扰乱平息难等“十八难”，令闻者扼腕叹息。

温黄平原是浙江三大平原之一，是台州最大的重点产粮区。两江闸建成之初，温黄两地受益的农田达 102 万亩。新金清闸成为浙江最大的出海闸，成为当时全国规模最大的防潮拒咸蓄淡工程。两江闸开创了浙江省内大型闸身使用钢筋混凝土结构的成功先例，揭开了中国工程师自行设计、自行建设现代大型水利工程的序幕，是中国水利史发展的里程碑[2]。朱文劭[3]在《修理西江闸记》中评论：御咸蓄淡黄岩受益之田十万余亩，每年增产十万余石，抗战中亦以余粮接济军粮。又日寇扰台，以飞机轰炸是闸，然该闸建设坚固，未至大坏。现今，两闸仍然发挥着排涝、通航、挡潮的作用。

胡先生是西北现代水利工程第一批建设者，先后为西北水利付出近 30 年的时间，成绩卓著。抗战中，他在渭惠渠灌区，创造性地成立灌区自治组织—渭惠渠灌区水老会，还成立清丈队，开展灌区田亩丈量核查，明确农户水权，造册号簿，计亩纳费，按土地面积缴纳水费。一番整治，终于“把渠道管理就绪”，随后，又建立全新的水利工程投资模式，引导全渠灌溉区域管理与发展步入正规，成为现代灌区规范管理的先行者。

解放初期，百废待举。他即以“新中国主人”的姿态，积极从事水利服务人民的民心事业，为兴修水利，呕心沥血，其功至伟。他提倡新中国的水利工作要不断创新，要有“改旧谋新的精神”，“有了这样的创新精神，就战无不

1. 胡步川：《在温岭县水利会的讲话》，1929 年 3 月。
2.《中国水利水电科学研究院贺信》，2023 年 10 月。
3. 朱文劭（1880—1956），字劼成，黄岩东城人，光绪三十年进士，留学日本。民国初年任浙江省民政司长，江苏省政务厅长。1949 年后，为全国政协特邀委员。

胜，攻无不克”[1]。1953 年初，水利部西北水利工作会议后，在水利服务增产节约、服务电器化和根治黄河的大背景下，已经年届 60 的胡先生，带着病痛，带着药罐再次来到武功，挑起重担，出任西北水工试验所所长，开展水工、土工、灌溉、水土保持等水利科学研究、试验以及科研成果的应用与推广。他还利用渭惠渠跌水，创办了水工所的第一座水力发电站。

胡先生手不释卷，笔耕不辍，著述颇丰，诸多著作填补了现代水利史空白。他是“水利遗产”概念的首创者[2]，并阐释了这一概念的学术范围，阐发了他的水利遗产思想。他认为中国古代水利科学一直领先于世界，我们中国人不能妄自菲薄，不要数典忘祖，而是要科学地借鉴吸收，进行创新性的发展。

他重视文化传承，又重视实践创新。现在，他传承与创新的成果，都已成为历史，成为文化遗产。他创造的陈列在秦川大地上的水利设施和故乡台州的两江闸，是珍贵的水利遗产；他留世的著述、诗词、照片、书画、图表、书信、日记，是宝贵的文献遗产；他的道德修养，心系苍生的理想信念和济世惠民的家国情怀，更是一份有着永恒生命的精神遗产。

胡先生给世人留下了内涵极为丰富的文化宝库，我们需要展示其精神气象，弘扬其道德风范，发掘其内在价值。

---

1. 胡步川：在西北水利学校五四级学生毕业典礼上讲话，1954 年 8 月 6 日。
2. 谭徐明：《穿越江河的追寻》，2021 年 8 月。

西江月上记胡公

陈引奭

1929 年，36 岁的胡步川作出了他人生中惯常却为世人所讶异的一个决定：面对华北水利委员会月薪 270 大洋的厚禄高位，他却选择回到浙江家乡，到温岭水利工程处任职，主持西江闸与金清闸的设计施工。而当时，浙江省水利局承诺的月薪是 180 大洋。

90 年后的今天，当人们漫步于黄岩城区的官河旧道，西浦河边，可以看到当时所建的西江闸还在，胡先生手书的碑亭也还在。在澄江公园的一角，西江闸闸身与周边埠头还是原来的样子，当年的混凝土建筑虽然布满青黑色的苔癍，但却清理得很干净，鲜有几棵小草在缝隙间生长。水面上的闸体厚重而坚实，中间一道还能隐约看见“西江闸”三个端庄浑穆，脱胎于《石门颂》的隶书大字。闸身上部建有二三十年前的建筑，作为闸口管理房，贴了白色的瓷砖。在闸口向西南望去，百十米处的碑亭也沧桑而肃穆地立着，映衬着周边如画的风景与拔地的高楼，略显着宁静。只有西江的河水倒映着天光，与水闸与碑亭互为依伴。

浙东南通海的江河都有类似特点：海潮每天涨落，正常情况下落差就有数米之多，洪水与天文大潮来时则有近六七米。潮水上涨时，海水混合着江水，溯江而上数十公里，一路奔袭，倒灌江岸周边的河网，造成大量田地的盐碱成灾，严重影响农作物生长。同时潮水还会裹挟大量泥沙，不断造成河网淤塞成灾。而潮水退去，河水又会随潮而退，直至露出河床。每遇干旱无雨时，河网干涸，田地枯焦，又成旱灾。到了台风雨季，强降雨会带来西北山地的山洪暴发，淤塞的河网便会影响行洪。再碰到天文大潮期，山洪、潮水与暴雨三碰头，又造成严重的洪涝灾害，不仅毁坏农田，影响农业生产，同时也会冲垮城防，漂没房屋，直接威胁到人们的生命财产安全。所以自然状态下的沿海江河，往往四灾不断。

永宁江又名澄江，是黄岩的母亲河，发源于黄岩西部大寺尖，自西向东贯穿黄岩中西部，流经黄岩城关北部，至三江口汇入灵江流域。西江河则是永宁江最大的支流，其源出黄岩院桥与太平交界的太湖山，并与南官河、东官河及西官河等构成温黄平原内河水网，自西江闸入永宁江。胡步川先生是这样记述的："西江为黄岩第二大川，南源发于太湖山，为沙埠南岙溪，西源发于柏嘉山，为沙埠北岙溪。二溪经行于山谷间，及至吕白洋汇流后，经瓦瓷窑，屈曲北流，至黄岩县城西，出西桥，折向西行，入于永宁江。"西江与永宁江交汇处距离出海口 20 余公里，正常水位 2.5 米。光绪年间进士、黄岩第一位大学生朱文劭在《修理西江闸记》一文中写到修闸之前黄岩一带的情况，"十年三潦，陆地行舟，岂但淹没田禾，即室庐牲畜器具服物损失何可计算"，故"西江建闸，谈吾黄水利者，早腾口说"。

当时，在黄岩有识之士如章育等人的积极建言下，浙江省水利局将黄岩金清与西江两闸的修建工程正式立项，副总工程师汪胡桢则出面邀请了他的同学胡步川前来主持工程项目。

在胡先生的诗文与日记中可知，他对回乡主持水利工程，内心是有期待的，这也是他自小就有的夙愿。在工程启动后的一次大会上，他在亲笔所拟的讲话稿中说自己"很知道台州水患的苦，并且身亲经历，所以三台毕业入河海工程专门学校。在毕业这一年，曾著有《台州水患治标治本计划》一书登报"，此后有八九年在外的经历。浙江省水利局因为他曾著有《台州治水计划书》，所以一定要他到台州来，并且说浙江这边职位较低且薪水也较低，"唯以桑梓之事，虽有牺牲个人利益，也是责无旁贷"。当时胡先生想着国家政治尚未走上正轨，大的建设事业往往会因为政治影响而停顿，台州偏远一隅，在此能为社会做些事，也是平生意愿，所以宁可"辞尊居卑、辞富居贫"，也要到这边来。

在回乡前后的一些诗文中，他也吐露了心迹，如《津浦路归车将筹划台州水利》一诗中他写下："一事无成意感伤，十年飘泊历星霜。愿违身瘁雄心短，母老家贫旅梦长。河北风寒烦作客， 江南草长好还乡。平生事业休嫌小，尺寸收功仗力行。"此诗中有对人生事业的彷徨，更有浓浓的乡情和对在家乡开展工作的期待。他在此诗注中称："时辞华北水利委员会正工程师职，决意去台州建筑西江及金清二闸。"而在其另一副自撰联的注解中，他回忆自己当时的工作状态："自上海去台州，进行闸工，凡事草创，心身极苦。又决意自我牺牲，为故乡人民节省工程费，固二闸工程自测量而设计至工程，以一人当之。当时热情所至，不觉过劳。" 当年胡先生一方面要负责西江与金清两闸的工程设计建设，受地方委托，还要兼顾台州各地水利，负责调解各类水利纠纷。奔忙中，他因无暇照顾妻儿，竟致痛失爱子滨儿。自己也因为工作强度过大而引致旧疾复发，"忙极又吐血了。力不从心，心情极苦"，不得已临时中断工作，前往杭州养病数月。

但回到工作岗位上，胡先生还是一如既往地严谨与认真，他尽可能周全地考虑方方面面的事情，从地形勘测、材料计算到费用筹划等方面，都事必躬亲。他不但懂建设，会经济，同时也善于记录与总结。在西江闸建设过程中，他按照自己在河海工程专门学校时形成的习惯，每天坚持撰写日记，每有所感且诉之诗词，同时撰述了《西江闸工程记略》，给这段历史留下了珍贵的史料。

根据这些史料的记录，1930 年 6 月 19 日，胡步川先生与其助理王家藩等赴黄岩，与县长孙崇夏、建设科科长章育进行交接，正式开始西江闸工程建设。20 日，他们便进入工作状态，开始踏勘西江闸一带地形。25 日测量队正式成立并开始工作。经过对西江下游水道、西江干流道线与横断面、永宁江道线水准与横断面，以及羽村、夏家洋、瓦林江等河道的测量计算，建立了西桥、北门宁台码头、瓦林江等水文与水标站，在取得大量数据的基础上，于 9 月 21 日才启动设计工作。胡先生边设计边作测量调整，终于在 11 月 13 日完成初步设计，12 月 11 日完成图版绘制。而后他又亲自着手编写《设计工程报告书》《建筑说明书》，编制工料预算，至 1931 年 2 月，共费时 8 个月，最终完成第一次设计的所有工作。

此后他们赶赴杭州，将西江闸与金清闸两个项目的设计成果呈请省水利局审核。省水利局对第一次测量设计的内容审核后，提出了数据补测的要求。3

月29日完成修改后，重新上报。4月16日又赶赴南京导淮委员会校正两闸设计。根据各方意见，于5月17日完成第二次设计后再次上报。7月15日，在获得省水利局批准后，又多次前往上海组织工程招标。

1931年11月12日，西江闸工程正式开工。从完成第一次设计到工程正式开工，在胡步川先生的主持下，在不到9个月的时间中，七往杭州，一上南京，三据上海，两次调整设计，可谓费尽心力，使得西江闸工程在一片荒芜中正式落地。

在西江闸工程启动后，黄岩水利委员会又安排西江闸工程处提前计划疏浚西官河等系列项目。

由于西江闸址一带地形特殊，地质复杂，该处河底与周边的淤积层很厚，1米以下是瓦砾乱石木桩层，2米以下为黏土层，5米以下又为黏土混杂细沙层。从事过这一行的人都知道，在当年没有现代大型工程机械，以人工开挖为主的条件下，在软土地基上建设现代钢筋混凝土闸体，地基挖掘与普通打桩根本无法直接到达持力层。因此胡先生在建设过程中遇到很多困难。1932年1月15日，胡先生见土方工程进展顺利，因由黄岩去了新河，不料第二天西岸就出现崩塌。19、20日夜间，南岸也出现少量崩塌。20日夜北岸又有小部分崩塌。为此，社会上就出现了一些闲话。胡先生则并未为这些闲话所动摇，他在仔细分析原因的基础上，撰成《敬告黄岩县政府水利委员会诸先生暨全县民众书》，提出了七条解决方案，使工程得以继续进行。

西江连接永宁江一带，之前是黄岩县城外面的墓葬区，所以在西江闸的建设过程中，因迁冢移棺，也遭受到地方人士的许多非议。但胡先生以造福一方的大义为重，不为所动。而在工程完工之后，发现还有许多义冢无人迁葬，因而又捐献了自己的薪水，用钢筋混凝土建造了一座公墓，用以收集遗骨，又在其上树了一座碑亭，用他所擅长的隶书亲笔书写了“魂兮归来”四个大字。碑阴又作诗一首刻于其上：

公墓新成傍水湄，孤魂可托免流离。掩埋所剩无多地，陵谷相移有此碑。
北郭西桥齐拱卫，橙黄橘绿正分披。更凭大闸衡霪旱，文笔双峰润碧陂。

他还建议黄岩政府在植树节到此地种植树木。现在，西江闸一带已经建成城市公园，成为黄岩最为秀美的一方景致之一。

而从上面这些记载也可以看出，胡先生自己的身体并不是那么好，家中还有令其悲伤的事情，但他却同时肩负起西江与金清两闸的工程建设，并受省水利局与地方水利委员会的安排，综合考虑地方水利的工作安排。在这些项目中，他既是设计师，又是指挥员；既是测量员，又是工程师。他既对项目的全过程进行具体把控，又要亲力亲为地做设计、撰文书、编预算，并指挥工程建设。在遇到困难的时候，不但要忍受他人的非议，还要在耐心细致做好解释的同时解决难题。在他身上，可以看出一位永葆初心、坚忍有为，有良知、为百姓的知识分子的形象，“士不可以不弘毅”，而胡先生正是这样一位任重而致远的“弘毅”者。

西江闸完工后，胡先生题了四阕《西江月》， 将他年少时的理想与所为之成就，以及几年来的甘苦心怀都寄托于此间：

建闸西江蓄淡，开河北郭排洪。黄温两县利交通，今事履行昨梦。
筑坝言屏潮卤，疏渠免病航工。旧河涨地给耕农，上上厥田宜种。

拟植江干细柳，还栽闸畔青枫。绿荫水上覆晴空，下有帆樯舞弄。
四面崇山绕翠，双江清水弯弓。橙黄橘绿蓼花红，一段秋光目送。

辞富居贫介介，离群索处庸庸。三年海角愧无功，割爱逃名忍痛。
一片真诚接物，几番风雨飘蓬。愁边病里赶程工，驽马那堪负重。

北郭双牌倒影，西桥五洞垂虹。八门新闸隔西东，外海内河受用。
荒冢移成新绿，河工为利农工。翻山倒海纵成功，毕竟浮生一梦。

1933 年 7 月间，因为肺病加重，胡步川先生不得已向浙江省水利局提出辞呈，归家养病。30 年后，当先生重新翻阅他的诗稿，想起了他建闸时的这段坎坷岁月。他很欣慰于两闸在蓄淡御咸排洪中所发挥的作用与产生的效益，更欣然于国家建设与科技进步的日新月异。

在四周拔地高楼的掩映下，西江岸边晚风依然，月色依然。西江闸正对着碑亭，默默矗立于静谧的江面，远远望去，像极了胡先生宽厚的背影。

山阴道上的春秋往事

谭徐明

春晴挟侣驾青骢，渡过钱塘折向东。近山远水皆画意，山阴道上乘长风。
西湖辜负好春光，花落花开底事忙。此日车行还有意，满郊麦绿菜花黄。
越人荡桨手兼足，越水汪洋岸渺漫。最是河心筑纤路，石梁十里幻奇观。
日日杭州工事忙，清明未得返家乡。徒观古墓封新土，游子心惊一感伤。

1931 年的春天，黄岩西江闸、温岭金清闸两处拒咸蓄淡工程的总设计师胡步川，为设计方案技术审查，自温岭至杭州公干，久搁不决的设计方案此行获批。胡先生心情大好，返程过钱塘，取道浙东运河，水路由萧山至绍兴，然后转陆路回温岭。此行胡先生写下了《春游山阴道》（四首），以志其事。20 世纪 30 年代的浙江沿海各地已有公路、铁路、海路与宁波、杭州、上海相通，浙东运河失去了骨干水路的地位。彼时运河上仍有客船，但多是称为“市船”的乌篷船，作为乡镇间出行，或干线交通末端的补充。作为两闸建设总负责的胡先生，在开工在即的情形下何以放弃便捷行程，选择了“小路”水陆兼行？《春游山阴道》有作者的自注，“西江、金清二闸设计完成，至杭州请（浙江省水利局）总工程师白郎都核定。而白每日觅小问题为难，久不签字。及予请白给我以计划大意，则为一船闸之一端的单闸门。予批评不可，乃签字，已费时极久矣”，胡先生的笔底溅出了近代水利大变革的浪花。

胡步川（1893—1981），字竹铭，浙江省临海市人。1917 年这位农家子弟进入南京河海工程专门学校（今河海大学），师从现代水利的奠基人李仪祉先生。 1922 年毕业后他即随李仪祉先生从南京来到关中，参与陕西现代水利工程建设。胡先生从渭河、泾河、汉江工程水文测量干起。1927 年，引泾工程辍工后，胡步川随李仪祉先生去了天津，供职华北水利委员会。1928 年浙江省水利局向国内外招标兴建黄岩（今台州黄岩区）西江闸、温岭新金清闸。胡步川放弃华北水利委员会的工作，到浙东做了两闸建设工程处的主任工程师。20 世纪 30 年代前中国在建的所有水利工程，从设计到施工都是由外国工程师负责。时年 36 岁的胡步川出任两闸测量、工程设计、施工监理的技术总负责。浙江省水利局外籍总工程师白郎都迟迟不通过设计计划书，似是不同意金清闸双船闸方案，其实是怀疑中国人能否担此大任。1931 年初春，胡先生杭州之行，以其对河流自然状况，区域社会经济的了解，说服了白郎都，坚持原设计方案。西江闸于 1931 年 11 月先期开工。次年 1 月，水闸基础施工中遭遇地下流沙层，新浇筑的岸墙坍塌。一时责言纷起，满城风雨。国民党县党部致函县政府，指责“轻率尝试，虚靡公帑”。当地乡绅 60 余人上书，指责擅改古制。胡先生以工程师的名义发布《敬告黄岩县政府水利委员会诸先生暨全县民众书》，坦陈失事原因和处置方式，平息了鼎沸的舆论。1933 年 6 月，西江闸、引河水道、故道堵口工程全面竣工。落成典礼上，当闸门开启时，乐曲鞭炮齐鸣，人们雀跃欢呼这潮起潮落的西江河口诞生了节制洪水、阻挡潮水的现代水闸。西江闸为 8 孔闸，灌溉面积八万亩，排涝面积十二万亩，设计最大流量 141 立方米每秒。西江闸之后规模更大的新金清闸开始建设。新金清闸为 22 孔闸，孔净宽 2.5 米。胡先生的设计方案以比荷兰公司方案省 50% 投资而中标。1932 年 10 月新金清闸开工，1934 年 8 月竣工，新金清闸成为当时工程规模最大的拒咸蓄淡工程，建成后黄岩、温岭两县受益。 西江闸、新金清闸的兴建开启了中国水利工程师设计、建设大型水利工程的历史。

1968 年 10 月，胡步川先生在他的个人历史交代中写道：（1922 年）李仪祉要从南京河海专校回到他的陕西故乡做泾惠渠等灌溉工程，当时河海同学中大都不愿到西北穷荒的地方去吃苦，我以为：（一）李仪祉先生有道德学问，跟他一起工作，可以得到他的教育和经验。（二）西北高原久苦干旱，我能到西北去做灌溉工程是西北农民所需，是学以致用。（三）长安是古都，我可以寻访古迹。我即辞母校助教职务，跟李先生去西北了。西江闸、新金清闸建成后，胡先生功成名就，正当中年的他完全可以留在工作和生活条件更好的浙江。1935 年，其时中国最大的灌溉工程泾惠渠尚在建设中，渭惠渠开工在即。李仪祉先生再次召胡步川西行，他又回到了渭北水利工程工地上，这一下就在陕西工作了 20 多年。1950 年胡步川任西北军政委员会水利部主任，1953 年任西北水工试验所所长。直到 1957 年才离开西北，到北京任水利科学研究院水利史研究所所长。1974 年胡先生在经历了 3 年青海大通县下放之后，竟选择了故乡临海石鼓村定居，在这里他完成了最后的水利工程——石鼓村防洪堤的建设。在故土的焦山上他选择了自己的墓地，自拟墓志：“生小居东海，天仙二水环。立身期禹稷，励志克辛艰。放浪形骸处，追藏台荡间。著书留爪印，埋骨傍焦山。”当年为修两江闸，身在家门口而有家不返，“徒观古墓封新土”的游子，最终融入了浙东的山水之间。90 年前，胡先生的《春游山阴道》宛如画卷般将运河、山阴的近山远水，汪洋岸渺漫间的石梁纤路，手足兼用的荡桨船夫徐徐铺陈开来，今天依然如此清晰。透过此诗、此景得见第一代水利工程师的历史丘壑和文化底色。

“读《雕虫集》，说胡步川”之一

选择背后见情怀

凌舒昉

水利科学家胡步川先生自编自选的诗文作品集《雕虫集》及日记《记事珠》（第一至十二册），已由河海大学出版社影印出版，《雕虫集》同时出版了排印本。笔者因参与编辑工作，得以先睹为快。品读胡先生的诗词作品，感觉胡先生深得白乐天“文章合为时而著，歌诗合为事而作”之旨，其《雕虫集》为时而著，为事而作，言之有物，用生活语，写亲历亲见亲闻事，写家事国事天下事，记录时代，记录历史，可谓事事入诗，诗文皆史，成为其日记《记事珠》之延伸，并与《记事珠》互为表里，可以互相参证。就此而言，笔者认为，胡先生的《雕虫集》不仅是一部文学作品集，记录了胡先生前半生求学及从事水利事业的心路历程；更是一部以诗写成的中国近代水利史，对研究初创时期的近代中国水利有很高的史料价值。而言为心声，以诗言志，更是《雕虫集》的题中应有之义。因此，透过集中作品平实质朴、明白如话、不加雕饰、浅显易懂的诗句，读者总能感受到胡先生作为从晚清、民国走过来的老一辈知识分子经世致用的理想及赤子之心和家国情怀。

写于 1929 年 3 月 5 日的七律《津浦路归车》和写于 1930 年 4 月 21 日的长诗《温岭水利工程处一周年记感》，反映的正是胡先生的职业选择、人生理想、价值追求，以及由选择而展现出来的家乡情怀。

新的选择：留下，还是回去？

1929 年 1 月下旬，胡先生为营救“因亲共嫌疑被捕”的侄子[1]，从开封柳园口水文站赶赴首都南京。及至南京，听说侄子已被押往苏州，于是又急赴苏州，28 日下午三时抵达苏州。当时，天正下着大雨，胡先生便雇小车到大郎桥巷太湖流域水利工程处暂避，在那里，巧遇河海工程专门学校学长汪胡桢[2]先生。这一次与汪干夫先生的意外相遇，改变了胡先生的人生轨迹，成为胡先生职业生涯的又一个转折点——当天晚上，胡先生与汪干夫先生在中央饭店住宿，倾心交谈。汪干夫先生因即将出任浙江省水利局副总工程师，力邀胡先生回浙作事。胡先生一直有心效力桑梓，于是当时就欣然答应了。[3]

半个月后，即 2 月 13 日，大年初四下午，仍逗留在南京、大病稍见好转的胡先生接汪胡桢先生一函。[4]汪干夫先生再次敦请胡先生回浙江省水利局任

---

1. 见胡步川《记事珠》手稿第三十六册 1929 年 1 月 15 日、21 日日记。
2. 汪胡桢（1897—1989），字干夫，号容翕。浙江嘉兴人，1915 年考入河海工程专门学校；1923 年获美国康奈尔大学土木工程硕士学位后回国，任河海工程专门学校、中央大学、浙江大学教授，导淮委员会设计组主任工程师等。抗战胜利后，任钱塘江海塘工程局总工程师兼副局长。中华人民共和国成立后，先后任华东军政委员会水利部副部长、治淮委员会委员兼工程部部长、水利部北京勘测设计院总工程师、北京水利水电学院院长、水利部顾问、一级工程师等。主持淮河、大运河的治理工程，设计建造了我国第一座大型连拱坝——佛子岭水库和当时世界最高的连拱坝——梅山水库；后又负责中国第一座大型控制性水利枢纽黄河三门峡水库建设。1955 年当选为中国科学院首批院士。
3. 见胡步川《记事珠》手稿第三十六册 1929 年 1 月 28 日日记：“下午三时抵苏，天雨极大，当即雇小车入平门，至大郎桥巷太湖流域水利工程处，与汪干夫、沈百先、萧锦培诸兄相遇……至九时，与干夫至中央饭店住宿。干夫将任浙江省水利局总工程师职，邀予至浙作事。予固有此心，盖可为桑梓服务也，故允之。”按：汪干夫当时将任职务实为副总工程师。
4. 1929 年 2 月 13 日，胡先生曾致函同在华委会任职的好友刘辑五，询问“如川返浙，是否对得起李师”？此信末尾署明时间“二月十三日晨”。次日又发一函，再致刘辑五，称“昨日发一书……是日下午……，川同时又接汪干夫自杭州（伊现任浙江省水利局总工程师）来函，招川至杭任该局温岭县水利工程师（月薪百八十元，公费三十元，另有一助理工程师为助）”。据此可知，接汪干夫函当在 2 月 13 日下午。但据《记事珠》手稿第三十六册眉批，自 1929 年 1 月 28 日汪先生在苏州口头邀请胡先生返浙，至 3 月 4 日胡先生离开柳园口水文站，决定到浙江省水利局任职，这一段时间，胡先生共收到汪先生书信四封，收信时间分别为 2 月 12 日、17 日（快信）、25 日、28 日。其中，只有 12 日既记有“寄刘辑五一书”，又记有“收汪干夫一书”，同时，次日即 13 日又记有“寄刘辑五快信”。据此，正文所接汪干夫函则应为 2 月 12 日。致信刘辑五时间与日记眉批所记时间有一日之差，暂定 13 日。

水利工程师，负责重建温岭县金清闸工程，月薪大洋 180 元。[1]

彼时，胡先生在华北水利委员会任工程师，月薪大洋 270 元。

留下，还是回去？胡先生又一次面临选择。

清光绪十九年（1893）阴历七月十二日，胡步川先生出生于浙江临海县城西石鼓村一个富裕的四世同堂之家[2]，7 岁入读石鼓义塾，13 岁参加台州府童子试，惜未考中。[3] 随后清廷罢科举、停义塾，而胡家此时已家道中落，饱暖尚且难以维持，学业更难继续[4]，只好辍学务农。8 年后，清朝已亡，民国肇造，这一年（民国二年，即 1913 年），已经 21 岁的胡先生考入浙江省立第六中学校。为了筹集学费，他多次到集市上卖豆换钱，再得家人亲属资助才得以入读。[5] 胡先生非常珍视这来之不易的学习机会，因而学习刻苦，又“学得勤俭读书的方法”，成绩优异，终于“得免学费和膳宿费”，并于 1916 年以浙六中第一名的成绩毕业，完成初中学业。次年（1917 年）9 月，胡先生又以 25 岁“高龄”考入河海工程专门学校，成为该校第三届学生。

在河海求学时，筹集学费一直是胡先生需要时常面对的难题。在求学阶段的日记中，时见“筹集学费之难”的眉批[6]。每读至此，笔者似乎总能听到胡先生低声而无奈的叹息。据《记事珠》记载，毕业工作初期，胡先生还常常需要将每月的一部分薪水用于偿还求学时欠下的旧债。

1921 年 6 月 26 日，河海工程专门学校举行毕业典礼，胡先生的 4 年求学

---

1. 胡步川《西江月　西江闸完工书感四阕》其三“辞富居贫介介”注：“予辞华北水利委员会职（薪水二百七十元），来台任建闸工程（薪水一百八十元）。”见《雕虫集》排印本前册一四六页。

2. 胡步川《大嫂诗》：“大嫂新妇时，吾家正鼎盛。四代同堂食指繁，坚苦持家霜棱劲。”见《雕虫集》排印本后册二七五页。

3. 见苏小锐《甘为牛马　步履山川——浅述胡步川先生爱国惠民的情怀》，《胡步川学术研讨会论文集》，2023 年 12 月。

4. 胡步川《伯母诗》序：“伯母敖，早寡而无子，长斋绣佛，视川如己出，每烧粥熟，先盛一碗济其饥。”又《大嫂诗》序：“大嫂谢，归我家时，值大饥，家口日繁。兄恐转死沟壑，作远游，久不归。嫂离侄住母家，人有以兄为流浪者。”分别见《雕虫集》排印本后册二七〇页、二七五页。

5. 见苏小锐《甘为牛马　步履山川——浅述胡步川先生爱国惠民的情怀》，《胡步川学术研讨会论文集》，2023 年 12 月。

6. 见胡步川《记事珠》第一册至第八册、第九册前半部分（1917 年 9 月 3 日—1921 年 6 月 30 日）。

生涯就此结束。

因河海校长许肇南先生之招，8 月 27 日，胡先生重新回到河海[1]——是日距 7 月 1 日离开母校不满两月，但离开前的 4 年是艰难求学的学子，这一次重返校园，身份已然变成了能领薪水的助教。

由于求学时代自始至终受困于贫寒的家境，所以，自幼酷爱艺术的胡先生不得不放弃爱好，而“常思学吃饭之业”[2]。因此，“稳定饭碗”也曾是胡先生长期以来孜孜以求的人生目标之一。

但稳定的助教生涯只持续了一年，胡先生就面临了第一次职业选择：1922 年夏，其师李仪祉先生欲回陕西家乡修建泾惠渠等水利工程，邀约弟子同往[3]。是继续在学校任教职，还是追随李仪祉先生西入秦川？经过一番权衡，胡先生最终决定提升自己，积累经验；学以致用，造福陕原农民；同时兼顾热爱旅游、喜欢吊古寻幽的兴趣爱好，于是辞去河海教职，随师入陕[4]，从此开始行水人生。

1. 胡步川《记事珠》第九册，1921 年 8 月 2 日日记：“坐谈间方知，彼（按：指许肇南校长）已寄出保险信一封，招我做校中助教。”又：许肇南（1886—1960），贵州贵阳人，河海工程专门学校第一任校长。曾就读成都高等学堂，后留学日本、美国，攻读电机工程、工业经济等专业，任中国留美学生会会长，获工学学士学位和工程师职称。1914 年回国后即参与学校筹建，并亲自教授多门课程。

2. 胡步川《幼年事二首》其二序：“孩提之时，酷好艺术……又以家道不裕，常思学吃饭之业。而村中有陈东生者，素业画，以予当时之眼光，觉其山水人物都不恶。然陈君老境颠连，致不能养其妻子，予常以之为戒。”见《雕虫集》排印本后册二七二页。

3. 胡步川《西征杂诗十六首》序：“十一年夏，李仪祉师约入秦办水利。时西北不靖，兵匪塞途，南人畏之。予从师行。”又《东归杂诗一百零五首》序：“予于民国十一年夏，从师入秦，筹办泾惠渠及汉惠渠等水利工程。”又《艮斋忆剩》：“十一年秋间，师将离南京赴陕，任水政，招同行。川欣然从之。”分别见《雕虫集》排印本前册三二页、一〇〇页、后册一九三页。又：李仪祉（1882—1938），陕西蒲城人，河海工程专门学校教务主任、教授。1898 年考中同州府秀才，1904 年考入京师大学堂，1909 年赴德留学，攻读水利专业。1914 年回国后即参与学校筹建，1923 年为解救陕西旱灾投入艰苦的水利工程建设。由于成就突出，被中国水利界公认是理论和实践上贡献最大的近代水利专家。

4. 胡步川《艮斋忆剩》：“民十之夏，川河海毕业，留校为师助教一年。每当授课之余，对坐一室，更觉师治学之精严，知行之高洁，直如数仞宫墙，尚不得其门而入。然经长时期之熏陶，颇觉立身之门径，与学业之进境似较授课时为有进步。”见《雕虫集》排印本后册一九三页。又胡步川《我的历史活动》（1968 年 10 月 19 日）：“李仪祉要从南京河海专校回到他的陕西故乡做泾惠渠等灌溉工程，当时河海同学中大都不愿到西北穷荒的地方去吃苦，我以为：一者，仪师道德学问堪为楷模，从之，可受其教诲，得其经验；再者，西北高原久苦干旱，办水利，于民为资生所需，于己为学以致用；三者，长安为古都，可寻访古迹。我即辞母校助教职务，跟李先生去西北了。”

在陕期间，胡先生先后任渭北水利工程局工程师兼测量队长、汉南水利工程处主任工程师。但是，泾惠渠测量及计划设计完成后，由于军阀混战，时局动荡，“政府无力兴工”[1]，“工费无着”，因而“不能做得成绩”[2]。此后，他又先后任西北大学工程教授、陕西建设厅工务科科长。然而，胡先生远离亲人、远离家乡，放弃稳定的教职，换得的只是颠沛流离的生活。在陕七年，虽说并非一事无成，亦不过勉力支撑局面而已[3]，远未达到将理想变为现实、实现自身价值的初衷。1927 年，经西安八月围城后，眼见在关中不能有所作为，胡先生只好黯然离陕。[4] 回到南京后，胡先生谋得中央大学编辑部主任职，同时兼任中山陵测量队长和中央军校设计工程师。1928 年 8 月 29 日，李仪祉先生北上天津。9 月 26 日，华北水利委员会成立，李先生任委员会主席。9 月 29 日，华委会成立后第三天，胡先生就再次应李仪祉先生之招，别妻离子，追随李先生北上了。他先自南京去上海，再由上海航海去天津，10 月 5 日抵达天津华北水利委员会，职务为正技师。10 月 8 日，胡先生收到华北水利委员会工程师聘书，13 日即与李仪祉先生一起南下，前往开封考察黄河形势及堤工。23 日，李先生返回天津，此后，胡先生便一直在开封考察并确定黄河流量站，进行水文测量。[5]

1. 胡步川《陕南杂咏百首》序：“民国十三年双十节后，只身赴陕南测量及设计汉惠渠工程，至十四年春粗完。适陕局变动，政府无力兴工，乃循汉江东下，欲南旋。”见《雕虫集》排印本前册五一页。

2. 胡步川《东归杂诗一百零五首》序：“予于民国十一年夏，从师入秦，筹办泾惠渠及汉惠渠等水利工程。以时局不定，工费无着，不能成功。中经长安八月围城之变，死里逃生，悲喜交集。……又以李仪祉师之托为守陕西水利残局，复以严敬斋（名庄，渭南人）之情，助创陕西建设厅初基。然乱后陕西，经济极度拮据，虽任科长，实不能做得成绩。”见《雕虫集》排印本前册一〇〇页。

3. 胡步川《艮斋忆剩》：“……时城围已解，气象一新。但经大乱之后，陕局百孔千疮，且当轴锐意东征，实无暇及水利事业。十六年春，川虽随师筑坝堤，修华清宫池，建革命公园，及计划西潼铁路等门面工程，而渭北水利，仍无办法。”见《雕虫集》排印本后册一九三至一九五页。

4. 胡步川《艮斋忆剩》：“十三年春，师令组织探险队入泾谷，二月之内，往返于数百里无人烟之穷山僻壤，而卒得到测图而归。……是年冬，师令赴汉南办汉江水利工程，时道途梗塞，川一人独行终南千里，颇有离索之苦。……但陕乱方殷，渭北工停，汉工亦以经费无着，于十四年春中辍，乃废然欲从汉江南下返浙。”见《雕虫集》排印本后册一九三至一九五页。

5. 见胡步川《记事珠》手稿第三十四册 1928 年 8 月 29 日、9 月 22 日、29 日、10 月 1 日、5 日、6 日、8 日、13 日、23 日日记。

胡先生本已决定在开封安家，并已着手租房[1]，此刻却又一次面临选择——是留在华北水利委员会，还是回到家乡台州开辟新天地？这个问题切切实实摆在了胡先生面前。

很显然，现职薪水高，工作虽然辛苦，但是背靠华委会，相对稳定，特别是有华委会主席李仪祉先生做“靠山”，凭着与李先生的师生关系，特别是几年来李先生有召唤，胡先生必响应、必追随、必竭忠尽智，从而在工作中结成的情谊，即使当时华委会改组裁员的传闻成真，如果胡先生想留下，也绝非难事；而回家乡重建金清闸，测量、设计，一切草创，艰辛困苦可想而知，工程施工更会有诸多难以确定的风险——困难更多，风险更大，但是薪水却只有现职的三分之二。选择“回去”，就意味着不仅自降薪水，甚至还可能是自讨苦吃。

所以，留下，还是回去，这是一个问题，但并不是一个难以抉择的问题——常人从常情考虑，答案一定是“留下”。而胡先生从有记忆直至在河海毕业后，人生的前 30 年几乎一直处于贫困状态，他比一般人更明白薪水减少三分之一对于生活的影响有多大。因此，从自身的家庭经济状况考虑，对于胡先生来说，答案也应该是显而易见、不言自明的。

作为比胡先生高两届的学长和朋友，汪干夫先生应该很了解胡先生求学时代的困窘家境，但同时，他对胡先生的为人、志向和家乡情怀也一定有比较深的认知——如果仅仅是贪图稳定而留在华委会，不能发挥才智真正做事，则绝非胡先生所愿。果然，并没有过多考虑，胡先生选择了“回去”。

其实，胡先生接到汪干夫先生的口头和书面邀约后，也不是没有一点纠结——他曾连发两函给同学好友刘辑五先生，向其征求意见——但胡先生纠结

1. 1928 年 12 月 29 日日记：“托其（按：指同事金君）在开封觅住宅。”眉批：“欲在开封安家。”1929 年 1 月 15 日日记：“罗、李二君来，与谈租房事。”均见胡步川《记事珠》手稿第三十六册。

的却只是“如川返浙，是否对得起李师”[1]，“若飘然而去，似对不起李师”[2]，“若竟去华北到浙江，则对不起李师；若不去，则浙江水利局事则将如何”[3]。至于薪水降低三分之一，根本没在胡先生的考虑之列。

然而，即使有了“自寻路径”的想法，胡先生并未忘记征求李仪祉先生的意见。在寄给李先生的一封书信稿中，他写道：

> 李师函丈：……川去年以舍侄被拘解苏事请假来京，随即赴苏，心忧而身倦，在苏又患呕血病，……现舍侄事尚未解决，而敝躯已健饭矣，故定明日赴开封。惟闻建设委员会中消息，本会经费减至二分之一，黄河测站须停止工作，则本会无形改组。建设事业朝令夕改，筑室道谋，难期有成，殊可痛心。近汪干夫来书，招川至浙江水利局任温岭水利工程师，并云浙中经费较易筹而少受政潮阻碍，或可作事。川思温岭旧属台州，为川桑梓之乡，前感乡中水灾之苦，颇有办水利之志愿，若能实现，亦为平生之基本事业。且事小则较轻，而或易举，如有所成，则一二年后复出而研究黄淮各闸题。又年来奔走他乡，母老不能相聚，若在温岭作事，此愿可随意以偿，故欲就之。吾师以为何如？惟川来会之后尚未报效千万分之一，现值风雨飘摇之中，遽云辞职而离左右，心多缺憾耳。吾师当有以教之。[4]

---

1. 见胡步川 1929 年 2 月 13 日致刘辑五书信：“若反一面讲，华委会既然改组裁员，当然人浮于事，则川自寻路径，或亦为李师及吾弟之所原谅乎？切望吾弟酌量情形，速教知一切为盼。川闻林君言导淮事，至阳历三月初当实行，李师为工程处处长，黄膺白为主席。吾弟如有意在水利界作事，当然能得一席，则川与吾弟相见之日尚多也。惟望吾弟以公正态度，为川着想，如川返浙，是否对得起李师及君悌、济之诸兄？若有亏他们，川宁可同患难，而不作飘然远行矣。”

2. 见胡步川 1929 年 2 月 14 日致刘辑五书信：“温岭系台州府属，与川故乡为邻。川拟去彼，吾弟以为如何？惟华委会嘱努力工作后，川尚未效劳千万分之一，若飘然而去，似对不起李师。”

3. 见胡步川《记事珠》手稿第三十六册 1929 年 2 月 24 日日记：“至干将坊访胡香泉、萧锦培，与谈片时，知华北委员会约略消息，予觉进退难：若竟去华北到浙江，则对不起李师；若不去，则浙江水利局事则将如何？”

4. 此信结尾未署时间，从其所述内容及“定明日赴开封”，结合日记，1929 年 2 月 27 日日记眉批有“寄李师一书”，3 月 1 日日记眉批“自南京去开封”，则知 2 月 27 日寄李师之书必是此信。

胡先生在信中称“川来会之后尚未报效千万分之一”，实为谦虚之言。事实上，在华委会任上短短四个月时间，胡先生兢兢业业，扎扎实实，除建立起柳园口水文站[1]，每天风雨无阻地用一双脚一步步丈量黄河河干，用一支笔一个个记下黄河水文数据；同时，他还受河南省政府委托，为设计太行山瀑布水电工程，独自一人勘察、测量了辉县薄壁镇瀑布。[2]此外，胡先生还总结自己勘测黄河的工作，写下一篇《黄河勘测报告书》[3]。

由于汪干夫先生再三催促[4]，胡先生回到柳园口水文站后，便立即着手办理离职手续。3 月 4 日离开柳园口去开封，3 月 5 日离开开封。收到李仪祉先生回信时，胡先生已经回到南京。这期间，胡先生还应导淮委员会林平一[5]先生要求，写下《治河导淮两水利委员会宜合并为一之我见》一文，算是给在华委会的工作画了一个圆满的句号。3 月 11 日，自南京到杭州；12 日，“予及汪兄至水利局收该局委任状”；13 日，寄水利局报到文，同时在浙江水利局了解温岭办水利目的及困难所在；14 日，自杭州回台州家乡。

半个月的时间内，胡先生一直辗转奔波于南京—开封—柳园口—开封—南京—杭州—台州之间，至此，他的第二次职业选择才算尘埃落定。

智的选择，从志；新的选择，从心

如果说当年胡先生选择远赴西北是放弃稳定，这一次他选择回家乡，放弃的则是高薪。可见，每到真正需要做出选择时，胡先生首先考虑的既非稳定饭碗，

1. 见胡步川《记事珠》手稿第三十五册 1928 年 10 月 8 日、19 日、23 日、24 日日记。
2. 见胡步川《记事珠》手稿第三十五册 1928 年 11 月 8 日至 12 月 12 日日记。
3. 见胡步川《记事珠》手稿第三十六册 1928 年 12 月 28 日日记眉批：“记作《黄河勘测报告书》。”
4. 见胡步川《记事珠》手稿第三十六册 1929 年 1 月 28 日日记：“汪干夫来信促予必返浙江，并指示予以请假事。”
5. 林平一（1897—1979），著名水利专家、水文学家。1923 年毕业于天津北洋大学土木系。1925 年获美国爱荷华大学研究院水利工程硕士学位。后在美国桥梁公司和密西西比河河工委员会任职。1928 年回国，历任中央大学教授、四川綦江水道工程局局长、导淮委员会总工程师、淮河工程局局长等职。是中国近代治理淮河的先驱者之一。20 世纪 30 年代参与主持制定导淮规划和多项治淮工程设计。著有《小汇水面积暴雨径流计算法》（1956）。

亦非较高的薪水。

那么，胡先生为什么会如此选择呢？

其实，答案就在其诗文中。

不可否认，华委会的官僚作风是让胡先生失望并决定离开的原因之一。

1929 年 1 月 12 日日记："得刘辑五来书云：冯焕章[1]将组织黄河水利委员会，未知是否？若然，则吾人办事又难一步矣。华北系中央机关，经济较豫中为充裕，免不得人生忌心，故宜于工作方面竭力猛进，庶可止谤于万一。若自不知勉，为人看轻，则向后之事更不易进行矣。"

1 月 15 日日记："与辑五谈华委会办事之官僚化，拊膺叹息者久之。"

可见，学以致用的理想是丰满的，人浮于事、处处掣肘、难有作为的现实却是骨感的。

因此，在当年 3 月 5 日开封去往南京的火车上，胡先生有感而发写下一首七律《津浦路归车》[2]：

一事无成意感伤，十年飘泊历星霜。愿违身瘁雄心短，母老家贫旅梦长。
河北风寒烦作客，江南草长好还乡。平生事业休嫌小，尺寸收功仗力行。

面对现实，有志不得申，个人只会产生深深的无力感。这首诗正是胡先生当时心境的写照。

因此，当家乡需要他，向他伸出橄榄枝，而且他相信，家乡的水利建设事业虽"小"，但"事小则较轻，而或易举"，他自然就义无反顾地回去了。

胡先生的家乡温黄平原，河网密布，良田万顷，是一处天然的大粮库。史

1. 冯焕章：即冯玉祥（1882.11.6—1948.9.1），原名冯基善，又名冯御香，字焕章，是时第二次主政河南（1927.6—1928.12）。

2. 见胡步川《记事珠》手稿第三十六册 1929 年 3 月 5 日日记。又见胡步川《雕虫集》前册一二三页，题作《津浦路归车将筹划台州水利》。

料记载，金清闸是南宋淳熙年间朱熹倡议修建的六闸之一。当年，朱熹调任浙东常平使后，经过反复踏勘，决定修建陡门、蛟龙、回浦、金清、长浦、鲍步六闸，并给皇帝上《黄岩兴修水利奏状》，说明“黄岩熟，则台州可无饥馑之苦，其为利害非轻”，请求朝廷拨府钱一万贯，作为修建六闸的经费。六闸修建后，黄岩物阜民丰，台温驿道穿城而过，水陆交通便利，“黄岩熟，台州足”美誉远播。

但 750 年过去，今时已不同往日。

在写于 1929 年 11 月某日的《浙江省水利局温岭水利工程处第一期报告书》跋语中，胡先生说得非常明确：

“温岭一县，土地肥美，农产丰富，实为旧台属各县冠”，然“以水利失修，致西北中三区膏腴之田，频遭水害”。“掘塘放水，不但临事周章，迫于奔命，而一开一筑，所费亦甚巨。”重建金清闸，乃“金清港治标治本之举，于邑计民生，急不容缓”。“浙省当局及温岭县官民有鉴于此，筹设温岭水利工程处，俾通盘计划，兴利防灾，意至美也”——家乡水利建设有急需。

“予系台人一分子。对于台属水害，皆身经历，而亲受其苦者，一向颇有研究”——自己有治水建闸的专门知识，有能力担当此任。

“以年来奔走他乡，未偿夙愿。今逢其会，故此心欣然乐”——立身期禹稷，霖雨惠苍生，是胡先生入读河海后矢志不渝的志向，在其《雕虫集》和日记中，十数次提及。以所学效力桑梓，更是夙愿。当年胡先生远赴西北，希望学以致用，但是，霖雨惠苍生的志向并未实现。如今，作为深受水患之害的台人一分子，既有专门知识和能力，又能使夙愿得偿，故“以省局之招，即允为舍彼而就此”——有效力桑梓的强烈愿望。[1]

在致陈叔舲先生的信中，胡先生同样表达了作为“台人一分子”奉献家乡水利事业的拳拳之心：“弟系台人，实为地方一分子，凡用人行事，若能为地方省一分，经济便多做一分，工程则无不为。惟一向作事抱定力行宗旨，此去若无意外阻碍，则当竭吾之力，行吾之事。俾桑梓水利早告厥成，是弟之唯一

1. 上三段引文均见胡步川《浙江省水利局温岭水利工程处第一期报告书·附录》，中华民国十九年（1930）一月。

志愿。”[1]

于是，胡先生“三月梢，由省来县，会同王致敬县长，组织温岭水利工程处”，并议定，工程一方由胡先生负责。“随即赴沪，采购测量仪器，定购挖泥机船，并聘请工程人员。四月中旬一同返县。即于二十日成立该工程处。二十二日测量队开始赴新河，事金清港流域平面，及该港与廿四弓河纵横断面等测量。缘队中人少事多，而海滨又多雨及匪，恐有意外阻碍，故决定星期日及暑假均不休息。现紧要部分测量等工已告一结束，各项工程之计划、工费之估计及工事进行之步骤，亦皆稍稍就绪。而疏浚工程业已实施，期收工赈之效……”[2]

一年后，1930 年 4 月 21 日，适逢二十四节气中的谷雨，胡先生写了一首长诗《温岭水利工程处一周年记感》。这是《雕虫集》中为数不多的一首五言长诗。全诗 49 韵，490 字，胡先生以其一贯的质朴平实、浅白如话的韵语，记述了《浙江省水利局温岭水利工程处第一期报告书》所述事实及其后几个月的工作和感想。诗歌开头，便描述了家乡台州地区洪水肆虐，迫使家乡人民壮者入盗匪、老弱转沟壑，令人目不忍视、耳不忍闻的残酷现实：

工次一周年，恰巧逢谷雨。有雨方有谷，农夫口头语。
此邦在水乡，雨反害场圃。一雨连三日，高田不见土。
淹没动兼旬，掘塘仅少补。庐舍飘流后，五谷尽朽腐。
每年夏秋间，淫雨不可数。洪水浩滔天，农夫畏如虎。
水退修墙屋，无粮只空肚。壮者铤走险，去入盗匪伍。
老弱转沟壑，命不绝如缕。水匪两相成，贫民何太苦。

接着记述南宋朱熹所筑六闸，历经陵谷沧桑，年久失修，不能再发挥效力，现实状况亟待改变：

1. 此信未署时间，据书信内容，当为初至浙江省水利局，尚未赴温岭之时。
2. 见胡步川《浙江省水利局温岭水利工程处第一期报告书·附录》，中华民国十九年（1930）一月。

忆昔赵宋时，此邦本斥卤。朱子筑六闸，蓄淡御潮侮。
平原足稻粱，到处为乐土。沧海变桑田，生今不反古。
六闸尽埋没，无处寻基础。亦有继作者，琅岙一砥柱。
金清玉洁闸，云缵禹之绪。海涨闸失修，港底高如堵。
闸门久渗漏，淡水不能聚。咸潮既倒灌，排洪又碍阻。
官民爰相商，急欲固吾圉。

上述两节，用将近一半的篇幅讲述了重建金清闸的原因，也间接道出了一年前胡先生义无反顾选择回乡的原委——让家乡人民免受水患。

既而直抒胸臆——踵武先贤、建尺寸功，效力桑梓，谋有建树——建功立业在此一时，可谓“时”与“势”“机”齐备：

陵谷虽改易，岂不可步武。科学日昌明，或可超初祖。
凡事在人谋，天助仍自辅。我辞华北来，肩负此盛举。
原有此夙愿，饥溺思大禹。国乱建设难，此志谁期许。
若收尺寸功，亦可光吾侣。维此桑与梓，不陟屺及岵。
更当竭吾力，并日谋建树。

一年来，忙忙碌碌，废寝忘餐，总算初有成效：

询工四走杭，购机两至沪。测绘与计划，勇气何鼓舞。
疏浚早施工，日夕染污土。中间虽遭病，亦不觉其苦。
一年劳汗血，成绩尚不负。设计已成功，施工定程序。

然而，工程进展并非一帆风顺，时有掣肘：

奈何值凶年，筹款不能普。无米巧难炊，实施不易睹。
微闻欠捐者，尚属各大户。大户钱田多，不肯拔一羽。
平民反输将，名登征收簿。集腋难成裘，徒增乡闾苦。
安得有人心，大刀兼阔斧。忍痛在须臾，成功惊聋瞽。

不然劳无功，后灾君记取。水利变作害，急早偃旗鼓。
兹当一周年，百感集肺腑。

吴宓先生谓《雕虫集》“自叙水利工程之经历，诗中有大关系之志事在”[1]。此言得之。

胡先生在回乡路上写诗自勉：“平生事业休嫌小，尺寸收功仗力行。”事实证明，此言亦得之。

90 年后的今天，我们回望当年——37 岁的胡先生站在人生的重要关口，第二次面对职业选择，他该何去何从？观其诗文，可用一句话概括其选择，即：

智的选择，从志；新的选择，从心。

志之所在，在水利；心之所在，在家乡。

胡先生 1929 年春选择舍华北水利委员会而返回家乡，与 1922 年夏天选择离开南京远赴西北相比，不变者，其“霖雨惠苍生”之志向也；所变者，其效力之地及受惠之民也。

在人生之路上，每个人都会面临各种各样的选择。极而言之，人生之路就是选择之路，一个人会成为什么样的人，成功与否，关键在于选择——因为，不同的选择会成就不同的人生，不同的选择也会实现不同的人生追求和人生价值。

当年胡先生选择回到家乡、效力桑梓，才有了新金清闸、西江闸的顺利建成。而两闸的建成，揭开了由中国本土培养的工程师自行设计与建设大型水利工程新的一页，也揭开了中国现代水利史的新篇章。

胡先生为家乡修筑的两闸，不仅使家乡人民脱离水患之苦，更犹如两座高高的纪念碑，矗立在中国现代水利史上，也矗立在家乡人民心中。

胡先生曾有《横湖舟中口占五首》（其五）赞朱熹夫子：

1. 见胡步川《雕虫集·序三（吴宓序）》。

文公六闸为陈迹，民到于今颂大名。我亦临风频怀想，当年霖雨惠苍生。

此刻，笔者想改胡先生此诗若干字，以纪念胡公：

胡公二闸将百载，至今霖雨惠苍生。我辈临风频怀想，温黄何幸享太平！

（2023 年 7 月 10 日初稿，8 月 4 日二稿，2024 年 7 月中旬定稿）

【参考文献】

[1] 胡步川 . 雕虫集 [M]. 排印本 . 南京 : 河海大学出版社，2023.

[2] 胡步川 . 记事珠 [Z]. 手稿未刊稿 .

[3] 历史名人 [EB/OL].https://www.hhu.edu.cn/173/list.htm.

“读《雕虫集》，说胡步川”之二

西江月下江水寒

凌舒昉

尺寸收功，每日力行

雨一直下个不停。正逢山洪暴涨之时，作为西江闸设计师和建筑工程总负责人、工程师，胡步川先生像往常一样早早地起床了。7 点钟左右，胡先生冒雨来到施工现场巡视。他先查看孤魂祠，见河岸陷落 20 厘米左右。走过大闸，见潮水刚刚退去，水位 99.6 米，而门东水面下降约 1 尺有余。闸洞水浪拍打闸门，发出巨大的响声。其中，中间的巽洞[1]洞门没有开启，响声更是大到令人恐惧，浪头起伏半米有余。而且，由于巽洞洞门未开启，因此左边的乾、兑、离、震四个闸洞和右边的坎、艮、坤三个闸洞都形成偏浪，每个墩头水面先是如钟摆一般作左右倾斜动作，然后再流出闸洞。巽洞左边的乾、兑、离、震四个闸洞水面同时向左倾斜时，其右边的坎、艮、坤三个闸洞水面就同时向右倾斜；然后，左右两边闸洞的水面各自向相反方向倾斜，完成一个“钟摆运动”。如此轮流不息，直至水位退到闸门下沿离开水面时，仍然没有停止。及至江水流出闸洞，

1. 据胡步川《记事珠》手稿第五十二册 1932 年 12 月 4 日日记眉批：“记工地布置等事，复以八洞七墩，因以‘乾、兑、离、震、巽、坎、艮、坤’八卦名之，因名西江闸为‘八卦闸’。”

闸墩下水圆头外旋流非常大。胡先生知道，这种情形会威胁江闸的安全，于是他急忙催促工头配轮开启闸门，以免山洪暴发时冲击江闸。

临近中午，胡先生回到工程处办公室。午后稍事休息后，又开始案头工作，先是作《五洞桥潮位及雨量总表》，以备确定筑坝高度；接着又绘制了《建闸开河筑坝竣工图》新树林部分。下午两点钟左右，胡先生再次来到施工现场，发现潮水水位已经退至 96.8 米，但浪头依然很大，主要是南乡山水暴发所致。于是他又嘱咐土工工头明天开挖新河头东岸之土，以控制水流。为了方便工人准确操作，胡先生又请督工用白漆在齿轮杆上标记开启闸门的最高限度……巡视完毕，安排好一切，胡先生才放心地重新回到工程处办公室[1]。

今天是 1933 年 6 月 5 日，阴历五月十三，是平凡的一天，也是胡先生着手两江闸建设以来 1500 余个建闸日子中普通的一天。

1929 年 3 月初，胡先生从华北水利委员会辞职，决定回家乡浙江搞水利。在开往南京的津浦路列车上，胡先生曾写下《津浦路归车》[2] 一诗：

> 一事无成意感伤，十年飘泊历星霜。愿违身瘁雄心短，母老家贫旅梦长。
> 河北风寒烦作客，江南草长好还乡。平生事业休嫌小，尺寸收功仗力行。

胡先生对过去“十年飘泊”却“一事无成”“愿违身瘁”甚至“母老家贫”无限感伤，同时对草长莺飞时节终于回到江南家乡感到无比欣喜，尾联更用“平生事业休嫌小，尺寸收功仗力行”自勉，希望从小事做起，身体力行，成就事功。从诗中可以感受到，胡先生对即将开始的新生活充满希望。

事实正是如此。过去的1500余个日子，胡先生都是这样一步步、一天天走过来的。

---

1. 以上两段描述，根据胡步川《记事珠》手稿第五十四册 1933 年 6 月 5 日日记改写，其中数字悉来自本日日记。

2. 见胡步川《记事珠》手稿第三十六册 1929 年 3 月 5 日日记。又见胡步川《雕虫集》前册一二三页。题作《津浦路归车将筹划台州水利》。

西江闸上，赏玩江月

这天晚饭后，雨终于停了，一轮将满的明月从东边的天空升起。雨后新霁，天朗气清，月色柔美，作为诗人的胡先生顿起赏月雅兴。于是他携着手杖——此时的胡先生正当不惑之年，本应年富力强，但是，长期在温岭和黄岩两个先后开工的工地来回奔波，不仅负责查勘、测量、设计、施工，不时还要赴杭州、去上海、跑南京，事无巨细都需投入精力，耗费心血，他早已心力交瘁，积劳成疾，身体羸弱的他经常需要携杖而行——独自一人出门，沿着熟悉的小路，走向那个熟悉的、最适宜赏月的所在……

此刻，站在自己亲手设计、亲自督造的西江闸闸桥之上，胡先生忽而仰望空中冰轮，忽而远眺两岸平畴，忽而俯视桥下流水，独享着眼前“潮涨岸阔，人静风清，山小月寒”[1]的静谧夏景，良久，他慢慢吟道：

今夜西江月，扶筇独自看。潮平两岸阔，闸启八门安。
首夏连天冷，清辉落水寒。程功回忆处，百折泪痕干。

这首诗，在《记事珠》手稿第五十四册凡三见：一见封二，以端庄大气的隶体书写，诗后题“清和之夜玩月西江有感　步川书于黄岩”；一见 1933 年 6 月 5 日日记眉批，诗前题“新霁玩月西江有感”；一见附页，以潇洒自由的行草书写，诗后题“癸酉首夏之夜玩月西江有感”。收入《雕虫集》后，第二句“扶筇”改为“临流”，诗题则确定为《玩月西江闸有感，用杜甫韵二首》，此诗为其一。[2]

此诗首联叙事，起笔即景而叙：诗人独自一人携杖来到西江闸，仰头望月，天上明月与地上诗人形成鲜明对照，月将满而明亮，人病弱且孤独，于平实自然的叙事中奠定了全诗孤寂冷清的基调。颔联首句直接借用唐代诗人王湾《次

---

1. 见胡步川《记事珠》手稿第五十四册 1933 年 6 月 5 日日记。
2. 见胡步川《雕虫集》前册一四六页。

北固山下》诗中名句写眼前所见之景：此时此刻，潮水涨满，两岸与江水齐平，整个江面十分开阔。借用的这一句是实景呈现。下句则写诗人的希望：希望西江闸顺利建成，平安运行；希望家乡百姓将来能根据需要启闭闸门，从此缚住水龙，蓄淡拒咸，过上远离水旱之灾的平安生活。“为霖为雨惠苍生”是诗人作为水利科学家毕生为之奋斗的理想。在西江闸即将竣工之时，站在自己设计建造的西江闸闸桥上，“闸启八门安”正是诗人内心希望的自然流露。

颈联首句点明时令“首夏”[1]，下句写月光洒落江水之景，但这两句重点均在写诗人的感受——在首夏之夜，诗人感到的是“连天冷”；看到皎洁的月光笼罩江面，诗人感到的是“落水寒”。尾联想象在未来回首往事：将来某一天回首往事时，衡量计算自己的功绩，想到为完成此功绩曾经经历的百折千难，恐怕会感慨唏嘘、泪水难干吧。

“冷”和“寒”是人对外界环境温度的感受。但写此诗时是仲夏，天气已经很热了，地处南方的黄岩，即使是雨后初霁的夜晚，也不至于让人感觉“寒冷”。可胡先生不但在日记中写下了“人静风清，山小月寒”这样带有寒意的清冷句子，更在这首诗中，用了“冷”“寒”这样的词语，只能说，诗中的“冷”与“寒”并非诗人对外部环境温度的感受，实际是诗人心境的反映。

那么，是什么让作为诗人的胡先生在这样一个仲夏夜晚感到了与时令不合的“冷”和“寒”呢？一纸“十八难”或许提供了答案。

民间做工，困难重重

俗话说：“事非经过不知难。”在两江闸摸爬滚打几年后，胡先生对此话有了极其深刻的体会。1933 年冬，胡先生在杭州西湖疗养院养病期间，根据自己在修建两江闸期间的亲身经历，将建闸时遇到的各种困难和问题整理出一份清单，题为《到民间去做工之难》，共列出十八点[2]：

1. 按：“首夏”即“始夏，初夏。指阴历四月”。按写诗时间，此处应为仲夏。
2. 见胡步川《记事珠》手稿第五十五册附页。

（1）经费薪水不多，筹款为难；

（2）用人困难；

（3）敷衍官绅；

（4）上司堂高廉远；

（5）人民无常识，横加非议，少有挫折即起风波；

（6）土匪遍地，一夕数警；

（7）向无成规，功过不明，无所比较；

（8）冷庙孤村为办公之所；

（9）工余板滞，生活枯燥；

（10）穷乡僻壤，无所问业；

（11）人民不可与谋始，且急功而奢望；

（12）作工须带宣传；

（13）乡情所在，不可打官话；

（14）包工无识，强词夺理，向无经验，劳不可言；

（15）工人蛮横，不听指挥，动辄草（吵）闹，办无可办；

（16）愚民难晓，动言风水，凡有拂逆，罪均归之；

（17）土劣分派，马牛其风，目光如豆，造作谣言，鼓（蛊）惑乡愚；

（18）交通不便，设施难周，机器破坏全工停顿；

……

当年，胡先生自温岭赴上海购买挖泥机，经过永宁局拜访屈文六[1]先生时，曾听屈先生说过：“新官必翻旧案以为功。凡作一事，当付托得人，虽其人有私心，亦获益；若不得人，其人则虽大公无私，亦不能成事。”[2]后来几年在工地上的实践证明，此言确有道理。

1. 屈文六：即屈映光（1881—1973），字文六，浙江临海人。早年与秋瑾、徐锡麟等人参加革命，历任浙江民政长、山东都督、省长等要职。北伐以后，退出政坛，专志学佛及救灾慈善事业。后皈依佛门，法名法贤。

2. 见胡步川《记事珠》手稿第三十六册 1929 年 3 月 27 日日记。

温岭县县长王 Z.J.，曾给初次见面的胡先生留下极好印象。不到一年，他辞去县长一职后，立刻显出另一副面孔。新县长到任后，王 Z. J. 掌握的温岭水利款尚有 8 000 余元，他竟一分也不移交。胡先生不禁感慨："刮地皮之手段是如是乎？"[1]

温岭水利局所托非人，陈 J.H. 拈轻怕重，偷奸耍滑，赌博嫖妓抽大烟，不是做事之人，新金清闸建设期间，由他引发的问题多不胜数。

水利委员尸位素餐。一次，胡先生到琅岙桥查看桥工，见桥工已成。可是他发现，"过半水利委员之提名录似不合宜。盖金钱慷他人之慨，工作一毫不管"[2]。

上行下效，自来如此。在上的水利委员只图虚名，不管工作，在下的工头和工人则偷盗公物，谋取私利。胡先生查看存放在琅岙桥的水泥时，就发现 100 桶水泥仅剩 82 桶，其中 32 桶都被偷过。而且，因空气进入桶内，水泥已坏。胡先生徒唤"公物私利，可悲也"[3]。

还有诸如工头欺压工人、克扣工人工钱，引起双方纷争以及地方争执[4]等问题，不一而足，时常发生，令人头疼心累，耗精费神。

90 余年前，民智未开，民众不懂科学，不知技术，开工动土相信风水之说。在施工中遭遇堤岸崩坍，民众往往以为破坏了风水。1932 年 1 月 16 日夜，西江闸西岸崩坍。19 日、20 日夜间，南岸一小部分逐渐陷落一尺余，20 日夜北岸又有一部分崩坍。此次西江闸崩坍事件引起民众恐慌，传言四起，物议沸腾。当时胡先生正在温岭新河工地，几天后回到黄岩，查勘崩坍情况后，发表了《为西江闸基土坡崩坍事敬告黄岩县政府水利委员会诸先生暨全县民众书》，说明此种情况在建筑工程中是常有之事，可以通过多种技术手段加以避免或解决，才最终平息了舆论。

---

1. 见胡步川《记事珠》手稿第四十册 1930 年 2 月 25、26 日日记。
2. 见胡步川《记事珠》手稿第三十七册 1929 年 6 月 15 日日记。
3. 见胡步川《记事珠》手稿第三十七册 1929 年 6 月 15 日日记。
4. 见胡步川《记事珠》手稿第三十七册 1929 年 7 月 10 日日记："下午为娄江浦筑闸事地方争执，予为调和起见，颇费心力。"

1955年10月10日，胡先生在西北水工试验所任所长时，重读自己22年前所写的这一纸“十八难”，批注道：“计我自一九二九年春到台州办金清闸及西江闸等水利，至一九三三年秋完成西江闸工程，因病不能不到西湖休养。然一日想五年来的苦况，论到民间去做工之难十八点，不胜感慨系之。”

其实，胡先生所遇又何止以上十八难呢？只是当时随手总结出十八难而已。

《西游记》中，唐三藏西行取经经历了九九八十一难，胡先生为两江闸建设则总结出二九一十八难。

唐三藏取经路上遇到妖魔鬼怪，尚有徒儿悟空斩妖除魔；即使有时悟空不敌妖魔鬼怪，关键时刻总会有各路上仙出手相救，所以总能化险为夷，终于到达西天，取回真经。胡先生呢，虽有汪胡桢等先生的支持，但是他们毕竟“堂高廉远”。胡先生一腔热血为桑梓，在两江闸具体建设过程中，遭遇的却是各种扯皮、各种掣肘、各种飞短流长，难免使他产生心寒意冷之感。在经历了三难六难十八难之后，当西江闸终于在百折千磨中即将完工时，更难免使他感到五味杂陈。西江闸完工之后，胡先生写了四阕《西江月》词[1]，其中第三、四两阕词就抒发了这样的感慨：

> 辞富居贫介介[2]，离群索处庸庸。三年海角愧无功，割爱逃名忍痛。
> 一片真诚接物，几番风雨飘蓬。愁边病里赶程工，驽马那堪负重？
>
> 北郭双障倒影，西桥五洞垂虹。八门新闸隔西东，外海内河受用。
> 荒冢移成新绿，河工为利农工。翻山倒海纵成功，毕竟浮生一梦。

所幸，明月懂得他的心，不辞朗照孤独人；更幸，十八难皆已闯过去。

1. 见胡步川《雕虫集》前册一四六页，词题为《西江月　西江闸完工书感四阕》。
2. 原注：“予辞华北水利委员会职（薪水二百七十元），来台任建闸工程（薪水一百八十元）。”见《雕虫集》前册一四六页。

西江闸竣工后，看着“黄岩港里水平平，江口三山白浪生”，胡先生辞官卸事，“了无牵挂一身轻”。事了拂衣去，深藏功与名。辞别西江闸后，胡先生当然并没有“乘桴浮大海”[1]，他要去疗养因过劳而日益羸弱的病体了。

胡先生在 90 年前那个夏夜玩月西江时所写的诗句，至今读来仍令人动容。今天，在西江闸建成 90 年之际，在又一个夏夜，笔者愿意以下面这首小诗致敬为世人留下西江闸的胡步川先生：

西江闸上西江月，西江月下西江水。西江月照江水清，西江水映江闸美。

（2024 年 7 月 26 日—8 月 2 日）

【参考文献】

[1] 胡步川 . 记事珠 [Z]. 手稿未刊稿 .

[2] 胡步川 . 雕虫集 [M]. 排印本 . 南京：河海大学出版社，2023.

1. 见胡步川《雕虫集・西江闸志别四首》其四，前册一四七页。

“读《雕虫集》，说胡步川”之三

游子难忘家乡好

凌舒昉

1933 年 6 月 20 日，黄岩西江闸完成，举行落成典礼。胡步川先生终于可以暂时歇歇了。

胡先生在河海工程专门学校就读时就体弱多病，修建新金清闸、西江闸期间，因一直在温岭和黄岩两地奔波忙碌，积劳成疾，以致肺病愈发严重了，因此西江闸完工蓄水后，“乃自浙江水利局辞职，归家养病”[1]。

1934 年 11 月，胡先生“因病小住焦山松寥阁”。是月 26 日，“适逢海门各炮台（台因九一八后抗日而设）试炮有感，因步苏东坡《自金山放船至焦山》诗韵成诗，并留别松寥阁雨村和尚”[2]。

焦山原名“樵山”，又名“狮子山”“双峰山”“乳玉山”“浮玉山”，位于江苏镇江市区北长江之中，因东汉末年隐士焦光避居此地，后世称之为“焦山”。焦山上有定慧寺，寺院楼阁掩映于山林之中，故有“焦山山裹寺”之说。定慧寺东有宝墨轩，又名焦山碑林，藏有历代碑刻四百余方，数量之多，为江

1. 胡步川《西江闸志别四首》注〔一〕：“西江闸完工蓄水，予以肺病增重，乃自浙江水利局辞职，归家养病。”见《雕虫集》排印本前册一四七页。

2. 胡步川《焦山次苏东坡韵》序：“予于二十三年十一月，因病小住焦山松寥阁。是月二十六日，……留别松寥阁雨村和尚。”见《雕虫集》排印本前册一六〇页。

南第一，其中出自“书圣”王羲之手笔的《瘗鹤铭》，有“碑中之王”之称。东、西两峰之间又有一小峰，称“别峰”。

镇江名胜向以金、焦二山著称，二山隔江相望，各有特色，古人总结说：“金以巧胜，焦以拙胜；金为贵公子，焦似淡道人；金宜游，焦宜隐；金宜月，焦宜雨。”

胡先生养病的镇江焦山距离其家乡临海千里之遥，久客他乡的胡先生，一定是由眼前的焦山想起了家乡的焦山[1]，想起了其儿时的乐园——石鼓村，于是，离开镇江焦山松寥阁、留别松寥阁雨村和尚一个月后，即 1934 年 12 月下旬，仍在外地养病的胡先生因“连日阴寒，殊闷。忆及家乡儿时钓游处”[2]，于是写下《家乡好》词八阕：

环江风柳

家乡好，江水绕村流。春到江边杨柳嫩，风归柳上浪声柔，老干绿新抽。
春光好，飞絮满江洲。点点因风飘白雪，纷纷随水滚纤球，转化绿萍浮。

夏谷耕耘

家乡好，男女竞耕蚕。登彼西山耘植杖，采来南亩叶盈篮，作息在烟岚。
称盘谷，土肥而泉甘。三面云山环级地，一泓活水注平潭，佳处留茅庵。

烟渚牧队

家乡好，洲渚似遐荒。首夏晓烟迷远近，风吹草偃见牛羊，牧笛韵洋洋。
农村乐，五月了耕桑。千犊水边消溽暑，一鞭牛背带斜阳，晚饭月昏黄。

老人枕石

家乡好，秀拔尖山峰。中有老人依石枕，外无世事卧潜龙，曹许[3]可追踪。
登峰顶，脚下若临空。气爽天高宜远眺，疏林寒水壮秋容，逸兴慕高风。

---

1. 胡步川《言志》诗：“生小居东海，天仙二水环。立身期禹稷，励志克辛艰。放浪形骸处，追藏台荡间。著书留爪印，埋骨傍焦山。”注〔一〕：“石鼓为予祖居，当天台、仙居二水会合之处，有礁岩峙中流，距天台、雁荡二山各百里。”见《雕虫集》排印本后册二四一页。
2. 胡步川《家乡好八阕》序：“二十三年十二月下旬，连日阴寒，殊闷。忆及家乡儿时钓游处，作《家乡好八阕》。”见《雕虫集》排印本前册一六一页。
3. 按：据词义，此处“曹”应即“巢”。巢许：亦作“巢由”，是巢父和许由的并称。巢父和许由都是上古传说时代的隐逸之士。后来这一并称成为隐士的代称，或用来称颂高洁的志向。

地洋红叶

家乡好，红叶满长林。可比丹枫盈岳麓，遍栽乌桕缀江浔，冬暖晓霜侵。村人技，采桕若飞禽。树末梢头缘绳索，千红万紫拂衣襟，叶里发长吟。

青莲古刹

家乡好，古刹建何年？百万人天闻石鼓[1]，大千世界见青莲[2]，缈缈驻神仙。一池水，长证佛门前。止作琉璃明本体，放为云雨润原田，功德大无边。

焦岩砥柱

家乡好，水上涌焦岩。岳立中流真砥柱，壁垂四面挽狂澜，天险扼江关。焦光老，三诏避山间。杨子有心渡扬子，椒山无意合焦山，易地可追攀。

双江归舟

家乡好，白日看归舟。名利一船人逐逐，天仙[3]两邑水悠悠，庄惠自春秋。斜阳晚，江水自东流。千叶风帆归棹急，双江银浪接天浮，惊起一沙鸥。

《家乡好》八阕是非常优美、读来琅琅上口的一组词，写家乡石鼓村的四季美景，如《环江风柳》（春景）、《夏谷耕耘》（夏景）、《烟渚牧队》（夏景）、《老人枕石》（秋景）、《地洋红叶》（秋末冬初之景）；写家乡的近景，如石鼓村外的名胜古迹（《青莲古刹》）、始丰溪中的焦岩（《焦岩砥柱》）；写站在石鼓村远望天台、仙居江上之景（《双江归舟》）。胡先生笔下的家乡石鼓村，宛如世外桃源，无论什么季节都美不胜收，无论远看近看都看不够。而作为读者，笔者读到这八阕词时，眼前也不禁浮现出八幅图画——虽是常见之景，并无太多特别独特之处，但每一幅都那么恬淡自然，仿佛田园牧歌般优美，令人心向往之。这组词足见胡先生驾驭文字的功力。

胡先生诗词较少用典，即使用典，一般也都是读者耳熟能详的熟典。《家乡好》组词中，却有三首用了典故。如《老人枕石》上阕“中有老人依石枕，

1. 胡步川《家乡好·青莲古刹》词注〔二〕：“石鼓：予家在石鼓村。”见《雕虫集》排印本前册一六三页。
2. 胡步川《家乡好·青莲古刹》词注〔三〕：“青莲：村外寺名。”见《雕虫集》排印本前册一六三页。
3. 胡步川《家乡好·双江归舟》词注〔四〕：“天仙：指天台、仙居二地。”见《雕虫集》排印本前册一六三页。

外无世事卧潜龙，曹许可追踪”用上古隐士巢父、许由典；《双江归舟》上阕“名利一船人逐逐，天仙两邑水悠悠，庄惠自春秋”用战国时期庄周、惠施典。这两处用典突出了家乡石鼓村景色幽美恬淡，适合隐居，在此生活，可以令人忘却俗世名利纷争。

《焦岩砥柱》下阕则用隐士焦光典。焦光，字孝然，东汉末年河东郡（治所在今山西省夏县）人，隐居荒野河边草庐中。据说，汉灵帝曾三度下诏请去做官，均遭拒绝。

明嘉靖朝忠臣杨继盛[1]曾有题《焦山碍月亭》联云：“杨子怀人渡扬子；椒山命字合焦山。”

此联是一则同音联：“扬杨”同音，“焦椒”同音；扬子，指扬子江，长江下游河段旧称；杨子，为杨继盛自称；焦山，是扬子江中四面环水的岛屿；椒山，乃杨继盛别号。

杨继盛一定非常喜欢这副同音联，其题金山寺壁《扬子江望焦山》七绝云：“杨子有心涉扬子，椒山无意合焦山。地灵人杰天然巧，仿佛神游太古间。”首联与此楹联大致相同。

大概是因为“焦似淡道人”“焦宜隐”的缘故吧，所以杨继盛面对权臣迫害宁死不屈，哪怕粉身碎骨，也绝不退让妥协，明白宣称“椒山无意合焦山”。

胡先生《焦岩砥柱》词下阕对仗句“杨子有心渡扬子，椒山无意合焦山”，改杨诗首联一字，将镇江焦山的人、事写进临海家乡词中，一定不止是因为家乡也有焦山，更可能是对焦光、杨继盛都非常推崇、仰慕。作为同样与焦山有缘的历史人物，焦光出世，不求俗世名利，得隐者名，但有苟全乱世、明哲保身之嫌；杨继盛入世，虽然结局惨烈，然其忠臣之名铭于青史，流芳后世，正

---

1. 杨继盛（1516—1555），字仲芳，号椒山，直隶容城（今河北容城县北河照村）人。明嘉靖二十六年（1547）登进士第，初任南京吏部主事，后官兵部员外郎。因上疏弹劾仇鸾开马市之议，被贬为狄道典史。其后被起用为诸城知县，迁南京户部主事、刑部员外郎，调兵部武选司员外郎。嘉靖三十二年（1553），杨继盛上疏弹劾权臣严嵩“五奸十大罪”，反被严嵩以“诈称亲王令旨”的罪名下锦衣卫狱，廷杖一百。有人送与蚺蛇胆一只，称可解血毒，杨继盛拒绝，说：“椒山自有胆，何蚺蛇为？”在狱中三年，受尽酷刑折磨。嘉靖三十四年（1555）被杀后弃市。

如其临刑诗所言："浩气还太虚，丹心照千古。"胡先生借用"椒山无意合焦山"一句，显然对杨继盛刚正不阿、宁死不屈的品格持更加积极肯定的态度，这恐怕也透露出胡先生为国为家、积极有为之心曲。

而这种态度，与胡先生此前留别松寥阁雨村和尚的《焦山次苏东坡韵》所表达的情感正相契合：

> 东邻虎视何眈眈，夺我东北扰东南。纵横华夏数万里，受困东海小岛三。
> 狼子野心予求取，萧萧食叶恣春蚕。木朽蛀生忆畴昔，干戈邦内应怍惭。
> ……
> 追慕了禅一僧弱，缁衣蔬食淡自甘。抵死守山全山土，法宝不劫豺狼贪。
> 举国朝野应效法，楚弓楚得情方堪。扫荡妖氛固吾围，闲来重访松寥庵。

诗中提到的了禅僧，据胡先生自注："《焦山志》载，了禅于洪杨乱时，抵死守山，得以保全；而金山北固，则成焦土。"[1]

《家乡好八阕》是一组家乡赞歌。那是游子记忆中的家乡八景，也是诗人梦中的家乡八景。

而 4 年后，即 1939 年 2 月，再次赴陕的胡先生在兴平渭惠渠上所写的另一组家乡诗——《村中新八景诗八首》，则是游子思念中的家乡八景，也是水利专家规划中的家乡八景——用今天的话语，可称之为"新农村建设之水利规划图"。

人人尽道家乡好，对于漂泊在外的游子、诗人，更是难忘家乡好！

（2023 年 7 月 11 日初稿，8 月 5 日二稿，2024 年 7 月 9 日定稿）

【参考文献】

胡步川 . 雕虫集 [M]. 排印本 . 南京：河海大学出版社，2023.

1. 胡步川《焦山次苏东坡韵有序》，见《雕虫集》排印本前册一六〇页。

“读《雕虫集》，说胡步川”之四

归来仍是理水人

凌舒昉

理水路上，坎坷半生

1972 年，胡步川先生在青海省大通县后子河公社下放劳动已经 3 年了。这一年胡先生 80 岁，本就体弱多病，加以年老力衰，他实在干不动了，便向上级打报告申请退休，终于获得批准，于是离开河湟谷地，离开青海高原，踏上了回乡之路。

自从 1917 年 9 月离开家乡临海去南京学习水利，至今 55 年，作为近代中国第一代水利人，胡先生把自己的一生都献给了国家的水利事业，他的足迹遍及浙江、陕西两省及黄河两岸。耄耋之年，他终于从遥远的西北边陲回到了东海之滨阔别多年的家乡，回到了他生长的地方——令他魂牵梦绕的临海城西石鼓村。

1939 年 2 月，在远离家乡的陕西兴平渭惠渠上，胡先生难抑思乡之情，写下了一组诗——《村中新八景诗八首》。在诗序中，胡先生说明了诗题“村中新八景诗”的由来：“景标‘新’名，为别于旧。村中旧有八景，年久，不无失实之处。予曾为一度之增删，而作《家乡好》八阕为咏。”并表达了自己的愿望:

“吾年逾不惑，虽三十年来为游子奔走天涯，不无所就，然揆诸叶落归根之理，仍以家乡为归宿之地。预计五十以后，即挂冠归里。”这一年，胡先生 47 岁。在正当壮年的 50 岁就退归乡里，是不是太早了？确实。不过胡先生有自己的打算，他希望在有生之年再为家乡效力 20 年，以一生所学造福乡里：“若天假之年，则再致力二十年，希将‘新八景’逐一造成，以偿平生最后之志愿。”为了证明此志并非虚言，亦并非一时心血来潮，胡先生特别说明：“姑志之，以为他日之券。”[1]

谁知世事多变，当胡先生 50 岁，到了其预定的“挂冠归里”之年时（1942 年），抗日战争却正处于最艰苦的相持阶段。彼时，他仍远在陕西，任渭惠渠管理局局长、工程师，坚守在渭惠渠上，“挂冠归里”的愿望变得渺茫。

胡先生 60 岁时（1952 年），14 年艰苦的抗日战争早已结束，4 年解放战争也已画上句号。历史已然翻开新的一页，但胡先生仍然在陕西，任西北军政委员会水利部主任、工程师、水政处处长。1948 年浐灞河决口，胡先生参与了堵口复堤筑坝工作；当时的黄河水利委员会逃难到西安，他还跑前跑后帮助并发动群众参加完成相应工作。

1957 年元月 3 日，胡先生接水利部发给陕西武功西北水工试验所的调令：“部决定调胡步川同志来北京水利科学研究院工作另行分配工作。请速介绍来部，并免去原任你所所长职务。”2 月 19 日，适逢二十四节气中的“雨水”，上午 8 点半，胡先生离开武功西北水工试验所，转道西安。21 日晚 9 点半，从西安开往北京的火车启动……胡先生与前来送行的同事、朋友挥手告别，也与工作、生活了 22 年的八百里秦川挥手告别[2]。2 月 22 日早 6 点，胡先生抵达北京，25 日，即“龙抬头”之前一周，以水利部水利科学研究院水利史研究所所长的身份开始在水利史所上班，在 65 岁这一年开始了新的征程[3]。这是胡先生任职时间最长的一个职务，一做就是 12 年。其间，胡先生除了进行水利史研究，还先后考察了梅山水库、都江堰松溪水电站、三门峡筑坝工程、新安江水库等水利水电工程。

---

1. 见胡步川《村中新八景诗八首 · 序》，见《雕虫集》排印本后册一九九页。
2. 按：此处所言“工作、生活了 22 年”，是指 1935 年第一次赴陕至 1957 年离陕的时间，未计 1922 年至 1927 年的第一次在陕时间。
3. 见胡步川《记事珠》手稿第 169 册 1957 年元月 3 日、2 月 19 日、22 日、25 日日记。

1969 年，是“文革”第三年。在那个特殊的疯狂的年代，讲真话往往会招来祸殃。而性情耿直、一向坚持讲真话的胡先生最终也因讲真话付出了代价——失去在水利史所的工作。不得已，已经 77 岁高龄的胡先生自我放逐，申请到边远且高海拔的青海大通回族土族自治县劳动改造。

大通县隶属西宁市，地处青海省东部河湟谷地，祁连山南麓，湟水河上游北川河流域，是青藏高原和黄土高原过渡地带。海拔 2 280 ～ 4 622 米，地势西北高东南低，属高原大陆性气候。[1]

北川河位于西宁市湟水河干流北岸，横贯大通县全境，为湟水一级支流，黄河二级支流，主要由宝库河、黑林河、东峡河汇聚而成，于西宁汇入湟水。北川河多年平均年径流量 20.1 米 / 秒，最大洪峰流量 556 米 / 秒，最枯流量 0.627 米 / 秒。每年 12 月初开始结冰，3 月初开始化冰，冰冻时间 4 ～ 5 个月。北川河枯水期平均水深 0.8 米，平均河宽 12 米，水力坡度 0.001 ～ 0.002，平均水速取 1 米 / 秒。[2]

胡先生所在的后子河公社北川渠管理处位于宝库河西岸。当年因修建浙江黄岩西江闸和温岭新金清闸而积劳成疾，终生遭受肺病折磨的胡先生，就是在这荒僻高寒之地负责调查水利，而且一干就是 3 年。

石鼓村是胡先生人生旅程的始发站——现在，胡先生终于又回到了石鼓村，犹如从树枝上脱落的一片树叶，经过漫长的不由自主的飘飞，终于又落在了树根，融入了泥土。

新村八景，石鼓蓝图

尽管胡先生最终实现了“叶落归根”的愿望，然而这一愿望的实现比预计的时间推迟了整整 30 年之久，而且显然，80 岁高龄的胡先生已经没有能力甚

1. 据百度百科“大通回族土族自治县”词条。
2. 据百度百科“北川河（青海北川河）”词条。

至没有可能“再致力二十年”，但胡先生并未放弃“平生最后之志愿”，他要竭尽所能，把自己当年为石鼓村描绘的蓝图尽可能地变成现实。

胡先生描绘的蓝图就在其 1939 年 2 月创作的《村中新八景诗八首》中。

“八景”之说出自北宋沈括《梦溪笔谈·书画》：“度支员外郎宋迪工画，尤善为平远山水。其得意者有《平沙雁落》《远浦帆归》《山市晴岚》《江天暮雪》《洞庭秋月》《潇湘夜雨》《烟寺晚钟》《渔村落照》，谓之‘八景’。”沈括记载的宋迪创作的八幅山水画题目，是湖南潇湘一带的八处美景，即“潇湘八景”，是古代湖南山水的品牌，后世文人多有同题吟咏诗词。此后至今，全国各地多提炼本地景物名胜为“八景”，如北京有“燕京八景”[1]，杭州有“杭州八景”[2]，福州有“福州西湖八景”[3]，陕西有“关中八景”[4]，等等。不只是首都和大城市有“八景”，许多市、县甚至乡镇村也有自己的“八景”。据不完全统计，仅杭州市就有 51 处“八景”文化景观现象，分布在杭州市各个地区，大小规模涉及城市、宅院、村庄等。

各地总结提炼的“八景”，绝大多数像“潇湘八景”一样以四字命名，景观名字本身就颇具诗情画意。古人吟咏“八景”的诗词基本上以写景为主，情含景中。“‘八景’文化景观中，对自然的歌颂最直接的体现是气象气候类景观元素。气象气候类景观元素是对虚景的描写，歌颂云、雾、月、春、夏、秋、冬。这类景点多不以具体的实物为对象，描绘的景观场景宏大，最直接的体现就是气象气候类景观元素中对于山水现象的歌颂。气象气候类景观元素类景点，

---

1. 燕京八景分别是：太液秋风、琼岛春阴、金台夕照、蓟门飞雨、西山积雪、玉泉垂虹、卢沟晓月、居庸叠翠。燕京八景得名于金代明昌年间，后代文人纷纷题诗，遂名闻遐迩。明代李东阳于八景之外又增“南囿秋风”“东郊时雨”。

2. 杭州八景分别是：断桥残雪、平湖秋月、阮墩环碧、雷峰夕照、曲院风荷、三潭印月、柳浪闻莺、南屏晚钟。

3. 宋淳熙年间（1174—1189），南宋宗室、福州知州兼福建安抚使赵汝愚在湖上建澄澜阁，并品题“福州西湖八景”：仙桥柳色、大梦松声、古堞斜阳、水晶初月、荷亭唱晚、西禅晓钟、湖心春雨、澄澜曙莺。

4. 关中八景又称“西安八景”，即：华岳仙掌、骊山晚照、灞柳风雪、曲江流饮、雁塔晨钟、咸阳古渡、草堂烟雾、太白积雪。

描绘出了景观载体在特殊情境下的景色，对于山水来说，光影、季节、气候、天象的变化对于景色有着不同的感受。”[1]

胡先生深受传统文化影响，酷爱诗词写作，又生性多愁善感，且长年漂泊在外，思乡之情每每不能自已，故常将心事诉诸笔端，用一行行诗意文字寄托心曲。其《家乡好八阕》如是，《村中新八景诗八首》亦如是。

胡先生心心念念的“村中新八景”又是什么样的景观呢？

鸟湖峰影

闻得山泉灌野芜，连峰倒影入明湖。休言霖雨苍生事，泉石膏肓亦自娱。

长堤柳浪

十里长堤护碧沂，遍栽杨柳绿依依。奔驰万马腾空浪，浩荡春风柳上归。

陵岸复道

伐石鸠工堆复道，连环洞影映池塘。非为点染村庄色，为免牛羊避水忙。

渡头垂虹

长桥利涉架清河，攘攘熙熙过客多。一变渡头陈旧迹，双垂虹影倒苍波。

飞轮行雨

制就飞轮激逆流，为云为雨润田畴。绕村四野无干旱，鼓腹赓歌庆有秋。

三江挑溜

筑坝挑溜入正漕，保坍止决护江皋。人工应胜天工巧，永固三江抑怒涛。

桂堂清芬

村边老桂如华盖，秋日开花十里香。我欲结庐大树下，将花名命读书堂。

塔山香雪

江头峭壁叠崔嵬，一片清香雪里开。佳处为吾留草舍，梅花塔影点苍苔。

根据前引《杭州“八景”文化景观研究》关于“八景”的内容、主题的概括，胡先生之《村中新八景诗八首》与传统文人的写景抒情之作相比较，似乎并无

---

1. 以上两段见诗人康健 lcu《杭州“八景”文化景观研究》。

特别之处。但其序却道出了二者的根本区别：“兹新八景诗，粗视之，均为空中楼阁，然皆依照实地情形，根据水利科学原理，为工程家预定之计划书，亦为村人兴利除害所急需解决之民生问题，非徒吟风弄月、傍花随柳已也。”

此处胡先生所谓“空中楼阁”，当指“虚构的事物”，亦即，所谓“村中新八景”，乃胡先生虚构的石鼓村景观，但其“虚构”并非“虚幻地构想”。因为，“新八景”“皆依照实地情形，根据水利科学原理，为工程家预定之计划书，亦为村人兴利除害所急需解决之民生问题”。

如果说《家乡好八阕》是远游他乡的游子眼中、心中、记忆中之石鼓村美景，是实景之实摹写真，《村中新八景诗八首》则是水利专家描绘的理想中的石鼓村，其中不无想象成分，不乏理想色彩——此所谓“空中楼阁”是也；如果说《村中新八景诗八首》的每一首诗都是一幅水利工程规划蓝图，展现的是诗人的理想和想象，每首诗下的“注”，则更多地体现了水利家的规划本色。其“注”或补充蓝图设想和预设效果，如：

> 乌湖坑建闸蓄水，可灌溉下大洋之田，而西山连峰倒影水中，煞是好看。（《乌湖峰影》注）
>
> 后洋港岸设水轮，打始丰溪水上岸，可灌溉上下洋全数地亩。欧洲荷兰之风车，吾国甘肃一带之水车，富有前例。（《飞轮行雨》注）
>
> 青莲寺冈之下，向称塔山后，可见旧时有塔，近无遗迹可寻。拟建塔于焦岩对岸之山嘴上，可增加江山秀气，全冈植梅，俾成香雪海，予将埋骨于此。（《塔山香雪》注）

或提出规划缘由，如：

> 黄金溜一带，须筑顺水长堤，以防洪波挟沙毁地。堤上栽柳，俾披拂水面，抑制强流，有利于本村极大，然无害于落马岩渚。（《长堤柳浪》注）
>
> 绕村皆低地，每年洪水骤至，水势环村没屋，牛羊即无归山之路。拟循陵岸塘边筑复道，达牛皇殿后，可济病涉。（《陵岸复道》注）

石鼓渡向用船，多不便，须用铁筋水泥建弓桥于河上，务使洪水时，带阴树可从桥下冲过。（《渡头垂虹》注）

或者是提出付诸实施的具体方案，如：

三江水溜，未能归漕，则三江渚一带，东坍西涨，永无穷期。须筑挑水坝于船埠头，挑流入正漕，以期一劳永逸。但以无碍三江村为原则。（《三江挑溜》注）

不仅如此，胡先生在《村中新八景诗八首》中，还对自己将来归老田园做了规划：

小墈头老桂，婆娑可爱，拟构堂于其下，设立桂堂小学校，教育村中子女。予晚年将自号“桂堂先生”，以乐伯道之暮景。（《桂堂清芬》注）

甚至对身后事做了安排：

青莲寺冈之下，向称塔山后，可见旧时有塔，近无遗迹可寻。拟建塔于焦岩对岸之山嘴上，可增加江山秀气，全冈植梅，俾成香雪海，予将埋骨于此。（《塔山香雪》注）

因此，《村中新八景诗八首》与其说是一组旧体诗，毋宁说是一幅幅新村图，是兼具水利专家和诗人双重身份的胡先生以旧体诗的形式所写的水利规划书，或者可以说，是胡先生关于石鼓村水利规划的诗化呈现，故“非徒吟风弄月、傍花随柳已也”。这应该是这一组诗与古代文人有关“八景”诗词的最大区别。

可以说，胡先生以旧体诗绘新村图，其《村中新八景诗八首》寄托的是胡先生作为水利人的理想，体现的则是其满腔的家乡情怀；而“将‘新八景’逐一造成”，正是深爱家乡的胡先生“平生最后之志愿”。

耄耋归来，仍是理水人

下放青海时，胡先生仍然牵挂着家乡的水利事业，得暇就谋划为家乡修水利、做公益，以期“回临海石鼓，帮助做一些水利小工程”。

年登耄耋，终于回到家乡后，胡先生不但没有停下劳碌奔波的脚步，相反，他似乎重新焕发了青春——时不我待，他必须与时间赛跑。

他捐资 3 000 元，发动石鼓村村民和周边乡民，建成 13 处护田堤坝，并植柳护堤；

他资助建设石鼓会堂、修建石鼓小学，助力发展生产和文教事业；

他赠给生产队机耕拖拉机一辆；

……

50 年前，城市的普通劳动者月薪只有几十元甚至十几元。假定一个家庭月收入 50 元，3 000 元相当于该家庭 5 年的全部纯收入之和。事实上，当年挣工分的农民，每年年底才能将公分兑换成工钱，分值多则一两毛，少则仅有几分钱。所以，当年的农民，一年辛苦到头，经常见不到现钱。也因此，当年胡先生捐出的 3 000 元钱，即使说不上是天文数字，也绝对是一笔巨款，但胡先生毫不迟疑，说捐就捐了。有人不理解，胡先生淡淡地说：“这些年，我难以抛舍的是水利事业，是百姓的平安喜乐。”

也许有人以为这是漂亮话，殊不知，“水利事业最难抛”确实是胡先生的心里话，也是其一以贯之几十年的行为。

1928 年除夕，胡先生在南京大病一场，独卧病榻时，曾自撰挽联：

> 母难抛，兄难抛，妻难抛，子难抛，一生事业更难抛，生固所欲；
> 俭做到，勤做到，慎做到，劳做到，半世遨游也做到，死亦如归。

25 年后，1953 年 2 月，又逢除夕，胡先生再次大病，于是改 1928 年除夕病中自挽联云：

诗难抛，书难抛，文难抛，画难抛，人民事业更难抛，生固所欲；
勤做些，俭做些，慎做些，劳做些，西北水利亦做些，死亦如归。

胡先生所谓“一生事业”“人民事业”，正是他一生从事、竭尽全力的“水利事业”。

笔者尚未及考证耄耋归来的胡先生最终是否全部实现了“新八景”规划，是否得偿“平生最后之志愿”，但是，“建成 13 处护田堤坝，并植柳护堤”显然是“新八景”规划内容；“修建石鼓小学”也是《村中新八景诗·桂堂清芬》特别提到的规划之一，只是，不知学校是否建在“小勘头老桂”下，亦不知胡先生最后是否自号“桂堂先生”……沧海桑田，时移世易，当年胡先生规划中的“桂堂小学校”变成了现实中的“石鼓小学”，不同者，名号而已；相同者，则是胡先生爱家乡、奉献家乡的一片赤诚之心。

胡先生字竹铭，且一生喜竹爱竹，亦以竹之坚韧挺拔激励自己。

晚年回到故乡后，胡先生在其居所“环江环山楼”前院中种植了一小片翠竹。很多老辈村人都还记得，当年，天气晴好的时候，胡先生常常在院中的躺椅上闭目养神，像是在聆听风吹竹叶的声音，又像是陷入了回忆冥想……

当其时，胡先生会想些什么呢？

是青年求学时的贫困潦倒，还是捐助家乡建设时的慷慨阔绰、一掷千金？

是自己一生追随李仪祉先生，为水利事业东奔西走，还是冒着枪林弹雨在西安围城时苦苦坚守八个月？

是秉承着“惠苍生”的理念，栉风沐雨、风餐露宿测量陕西河川，还是呕心沥血、历尽艰辛完成两江闸工程？

是秦川渭惠渠畔的滚滚麦浪，还是家乡秀美的天仙山水？

……

我们不得而知。

我们只能从其诗文集《雕虫集》和日记《记事珠》中去感受他、了解他，进而理解他。

我们也能在胡先生保存下来的画作中看到他——胡先生笔下的竹子，个个迎风挺立，绝少媚态。看到这样迎风挺立、不屈不挠的竹子，笔者仿佛看到胡先生正沿着黄河、沿着泾河、沿着渭惠渠巡河、巡渠，顶风冒雪，一步步艰难前行……

胡先生在 80 岁高龄退休返乡后，仍然致力于为家乡石鼓村及附近村庄设计修建小水利，真可谓，漂泊大半生，耄耋归来仍是理水人。

笔者曾在《〈雕虫集〉：胡步川的“涉”字人生记录》[1] 一文中，将“步川”二字嵌入自撰联，概括胡先生一生事迹，自觉很恰当，故再次录此，致敬胡先生：

一生治水，东南西北高标独步；
半世修渠，春夏秋冬跋浪涉川。[2]

（2023 年 7 月 10 日初稿，8 月 8 日二稿；2024 年 7 月上旬定稿）

【参考文献】

[1] 胡步川 . 雕虫集 [M]. 排印本 . 南京：河海大学出版社，2023.
[2] 胡步川 . 记事珠 [Z]. 手稿未刊稿 .

1. 见胡步川《雕虫集》排印本《附》。
2. 东南：指胡先生家乡浙江台州；西北：指胡先生为之奉献近 30 年光阴的陕西和下放劳动 3 年的青海。东南西北也泛指胡先生一生治水足迹所到之处。

后记

为了绍继前贤、启迪后学，弘扬河海精神，河海大学汇集并遴选建校以来在本校任教或求学，并在学界或业界具有广泛影响的教授、学者、专家的学术著作及代表性作品，由河海大学出版社组织相关领域专家、学者成立专门的编辑委员会，编辑出版“河海文库”系列丛书。该套丛书历经六年精心打磨，已相继推出《李仪祉先生年谱》、《新中国成立初期西北地区水利工程影像集》、《李仪祉先生遗著》(共13册)、《胡步川先生日记: 记事珠》(共12册)、《雕虫集》影印本与排印本等重要著作。而今《中国近代水利工程影像集——雪浪银涛说浙江》的付梓，标志着这套丛书首阶段出版工程即将圆满收官。

2018年前后，出版社筹划再现河海学术传承体系时，有幸与1921年毕业于河海工程专门学校的著名水利专家胡步川先生的后人——刘小梅老师取得了联系。经多次深入交流、实地考察与文献考证，我们惊喜地发现，胡步川先生不仅在我国水利工程领域建树卓著，其跨学科造诣尤值称道。他不仅编撰《李仪祉先生年谱》、创作编年体诗集《雕虫集》（全两卷）、整编《李仪祉先生遗著》（共 13 册）等学术成果，还遗留下 186 册编年体日记及千余张水利工程影像图片，其中诸多珍贵史料尚属首次系统整理。这些跨越时空的文献，既见证了中国近代水利发展的历史，也记录了社会变迁的生动细节。该套丛书既彰显了河海水利学术传承，亦契合学校"双一流"建设规划，具有重要的学术价值与现实意义。

首阶段出版计划共分三期进行，本书作为收官之作，在挑选相关影像资料进行展示的基础上，还特别收录了胡先生在浙江工作时期的诗作以及当代学者的纪念性文章。作为本套丛书的编辑团队，我们非常感谢刘小梅老师的专业指导——这位资深编辑既承担文献整理重任，更以丰富经验为丛书质量保驾护航。

值此春深时节，"河海文库"首阶段出版工作已步入尾声，临海浙东南水利史与胡步川研究工作室也即将成立。这提醒我们，结束意味着新的开始。"河海文库"就似新垦的沃野：我们既收获首期成果的丰硕，更播撒续写华章的期许。正如诗云"东风染尽三千顷，白鹭飞来无处停"，我们将持续打造这一具有示范价值的文化品牌，以河海为经、文化为纬，齐力托举学术之光、人文精神之光。